卓越农林人才培养实验实训实习教材

动物寄生虫学实验与实训

主　编

周荣琼　闫文朝　马光旭

副主编

杨玉姣　王芝英　赵光辉　古小彬　徐前明

编写人员（排名不分先后）

赵光辉　（西北农林科技大学）
古小彬　（四川农业大学）
闫文朝　（河南科技大学）
马光旭　（浙江大学）
徐前明　（安徽农业大学）
刘　伟　（湖南农业大学）
罗永莉　（重庆三峡职业学院）
周作勇　（西南大学）
赵光伟　（西南大学）
杨玉姣　（西南大学）
王芝英　（西南大学）
李法财　（西南大学）
周荣琼　（西南大学）

西南师范大学出版社
国家一级出版社　全国百佳图书出版单位

图书在版编目（CIP）数据

动物寄生虫学实验与实训 / 周荣琼，闫文朝，马光旭主编. —重庆：西南师范大学出版社，2021.9

ISBN 978-7-5697-1072-4

Ⅰ. ①动… Ⅱ. ①周… ②闫… ③马… Ⅲ. ①动物疾病－寄生虫学－高等学校－教材 Ⅳ. ①S855.9

中国版本图书馆CIP数据核字(2021)第171994号

动物寄生虫学实验与实训

主编　周荣琼　闫文朝　马光旭

责任编辑： 赵　洁
责任校对： 杨光明
装帧设计： 观止堂_朱　璇
排　　版： 张　祥
出版发行： 西南师范大学出版社
印　　刷： 重庆俊蒲印务有限公司
幅面尺寸： 195 mm×255 mm
印　　张： 13.25
字　　数： 280千字
版　　次： 2021年9月 第1版
印　　次： 2021年9月 第1次印刷
书　　号： ISBN 978-7-5697-1072-4

定　　价： 38.00元

卓越农林人才培养实验实训实习教材

总编委会

总序

TOTAL PREFACE

2014 年 9 月，教育部、农业部（现农业农村部）、国家林业局（现国家林业和草原局）批准西南大学动物科学专业、动物医学专业、动物药学专业本科人才培养为国家第一批卓越农林人才教育培养计划专业。学校与其他卓越农林人才培养高校广泛开展合作，积极探索卓越农林人才培养的模式、实训实践等教育教学改革，加强国家卓越农林人才培养校内实践基地建设，不断探索校企、校地协调育人机制的建立，开展全国专业实践技能大赛等，在卓越农业人才培养方面取得了巨大的成绩。西南大学水产养殖学专业、水族科学与技术专业同步与国家卓越农林人才教育培养计划专业开展了人才培养模式改革等教育教学探索与实践。2018 年 10 月，教育部、农业农村部、国家林业和草原局发布的《关于加强农科教结合实施卓越农林人才教育培养计划 2.0 的意见》（简称《意见 2.0》）明确提出，经过 5 年的努力，全面建立多层次、多类型、多样化的中国特色高等农林教育人才培养体系，提出了农林人才培养要开发优质课程资源，注重体现学科交叉融合、体现现代生物科技课程建设新要求，及时用农林业发展的新理论、新知识、新技术更新教学内容。

为适应新时代卓越农林人才教育培养的教学需求，促进“新农科”建设和“双万计划”顺利推进，进一步强化本科理论知识与实践技能培养，西南大学联合相关高校，在总结卓越农林人才培养改革与实践的经验基础之上，结合教育部《普通高等学校本科专业类教学质量国家标准》以及教育部、财政部、国家发展改革委《关于高等学校加快“双一流”建设的指导意见》等文件精神，决定推出一套“卓越农林人才培养实验实训实习教材”。本套教材包含动物科学、动物医学、动物药学、中兽医学、水产养殖学、水族科学与技术等本科专业的学科基础课程、专业发展课程和实践等教学环节的实验实训实习内容，适合作为动物科学、动物医学和水产养殖学及相关专业的教学用书，也可作为教学辅助材料。

本套教材面向全国各类高校的畜牧、兽医、水产及相关专业的实践教学环节，具有较广泛的适用性。归纳起来，这套教材有以下特点：

1. 准确定位，面向卓越　本套教材的深度与广度力求符合动物科学、动物医学和水产养殖学及相关专业国家人才培养标准的要求和卓越农林人才培养的需要，紧扣教学活动与知识结构，对人才培养体系、课程体系进行充分调研与论证，及时用现代农林业发展的新理论、新知识、新技术更新教学内容以培养卓越农林人才。

2. 夯实基础，切合实际 本套教材遵循卓越农林人才培养的理念和要求，注重夯实基础理论、基本知识、基本思维、基本技能；科学规划、优化学科品类，力求考虑学科的差异与融合，注重各学科间的有机衔接，切合教学实际。

3. 创新形式，案例引导 本套教材引入案例教学，以提高学生的学习兴趣和教学效果；与创新创业、行业生产实际紧密结合，增强学生运用所学知识与技能的能力，适应农业创新发展的特点。

4. 注重实践，衔接实训 本套教材注意厘清教学各环节，循序渐进，注重指导学生开展现场实训。

“授人以鱼，不如授人以渔。”本套教材尽可能地介绍各个实验（实训、实习）的目的要求、原理和背景、操作关键点、结果误差来源、生产实践应用范围等，通过对知识的迁移延伸、操作方法比较、案例分析等，培养学生的创新意识与探索精神。本套教材是目前国内出版的第一套落实《意见 2.0》的实验实训实习教材，以期能对我国农林的人才培养和行业发展起到一定的借鉴引领作用。

以上是我们编写这套教材的初衷和理念，把它们写在这里，主要是为了自勉，并不表明这些我们已经全部做好了、做到位了。我们更希望使用这套教材的师生和其他读者多提宝贵意见，使教材得以不断完善。

本套教材的出版，也凝聚了西南大学和西南师范大学出版社相关领导的大量心血和支持，在此向他们表示衷心的感谢！

总编委会

2019 年 6 月

前言 PREFACE

《动物寄生虫学实验与实训》全书包括实验和实训两大部分。实验部分有动物蠕虫学粪便检查技术、畜禽吸虫病病原形态学诊断、畜禽绦虫病病原形态学诊断、畜禽线虫病病原形态学诊断、畜禽棘头虫病病原形态学诊断、畜禽蜘蛛昆虫病病原形态学诊断、畜禽原虫病病原形态学诊断、寄生虫病的分子生物学诊断与免疫学诊断等8章共20个实验项目。实训部分有动物寄生虫学完全剖解技术及标本的制作与虫种鉴定、鸡球虫病的药物防治试验、牛羊消化道线虫病的驱虫效果评价试验、血吸虫病动物模型的构建及病理学观察等4章共8个实训项目。各实验实训项目既保持相对独立,又交叉连续。任课教师不仅可以选择其中单个项目进行实验教学,也可以选择多个项目构建成一套综合性的实验实训课题进行授课。

本书是"国家卓越农林人才培养计划"规划教材系列丛书中的一本。作为动物医学类的专业核心实践课程,该课程是一门实践与理论紧密结合、技能与知识相互贯通的综合性预防兽医学实践课程。因此,本书除了畜禽寄生虫的形态观察等验证性实验项目外,还增加了寄生虫的虫种鉴定、寄生虫感染动物试验、驱虫效果评价试验和动物模型的构建等操作性较强的实训项目内容,以达到加强实践教学,提高人才培养质量的目标。

本书的编写得到了7所高校的10多位动物寄生虫学一线工作同行的大力支持,审稿者也付出了很多宝贵的个人休息时间,在此表示衷心感谢。此外,本书从策划、编写、修订到出版一直得到西南师范大学出版社的大力支持,在此也一并表示诚挚的谢意。

本书除可作为高等农业院校兽医相关专业的实践教材外,还可供兽医寄生虫学的科研人员、教师和兽医实际工作者参考使用。但由于编者的知识水平有限,编写经验不足,书中难免存在缺点和疏漏之处,恳请广大同行及读者批评指正。

周荣琼

2021年4月

目录

CONTENTS

第一部分 动物寄生虫学实验

第二部分　动物寄生虫学实训

第一部分

动物寄生虫学实验

第一章 动物蠕虫学粪便检查技术

蠕虫病的症状缺乏特征，仅靠临床症状很难对蠕虫病进行准确的诊断，另外，大多数寄生性蠕虫的虫卵、幼虫或节片能随宿主粪便排出体外，所以蠕虫粪便检查是蠕虫病生前诊断的重要方法之一，通过粪便检查可以做出生前诊断。

目前粪便检查包括四种方法：蠕虫虫卵镜检法，适用于绝大多数蠕虫；蠕虫虫体检查法，适用于某些将孕卵节片排出体外的消化道内寄生绦虫的检查，如猪带绦虫等；蠕虫幼虫镜检法，适用于虫卵在新排出的粪便中已发育成幼虫的蠕虫的检查，如网尾科线虫等；毛蚴孵化法，适用于血吸虫病的检查。

实验1 蠕虫虫卵检查技术

蠕虫病的症状缺少特异性，仅仅依靠临床症状很难对家畜蠕虫病做出准确的诊断。另外，以成虫期寄生的蠕虫大部分寄生在家畜的消化道，它们的卵常和粪便一同排出。因此，粪便检查是最常用的寄生虫病原学检查方法，实际检查时应根据不同种类寄生虫的虫卵比例，选择适宜的粪便检查技术。

【实验目的】

1. 熟悉和掌握动物粪便中蠕虫虫卵的实验室检查方法与技术。
2. 能在显微镜下识别吸虫卵、绦虫卵、线虫卵和棘头虫卵的形态特征。

【实验材料】

1. 实验器材

双目生物显微镜、100 mL量筒、烧杯、玻璃棒、40目筛网、60目筛网、260目锦纶筛兜、胶头滴管、吸管、铁丝圈、载玻片、盖玻片、铁丝圈、牙签、普通离心机、离心管等。

2. 实验试剂

50%甘油水溶液、饱和食盐水、清水等。

【实验方法】

1. 直接涂片法

本法适合于检测蠕虫虫卵或原虫卵囊感染强度比较大的粪便样品。操作简单、快速，但检出率低，镜检视野下杂质较多，干扰性强。

(1)经典直接涂片法。

在清洁的载玻片上滴1～2滴甘油溶液或清水，用牙签取黄豆大小的粪便与载玻片上的清水混匀。除去较粗的粪渣，将粪液涂成透过涂片隐约可见书上字迹的薄膜，盖上盖玻片，置于低倍镜下检查。如发现虫卵，换高倍镜仔细观察。

(2)改进型直接涂片法。

取5 g粪样放入小烧杯中，加2～3倍体积的清水，用玻璃棒搅匀，用60目筛网过滤至另外一个干净的小烧杯中，用吸管吸取过滤液1滴滴加到载玻片上，盖上盖玻片，放置在显微镜下观察。相对于经典直接涂片法，该方法的优势：一是增加了粪便样品的质量；二是通过筛网过滤，除去了体积较大的杂质；三是每个粪样做2张压片镜检，有助于提高粪样中虫卵、卵囊、滋养体或包囊的检出率。

2. 饱和食盐水漂浮法

采用密度较蠕虫虫卵大的溶液，使原虫卵囊以及蠕虫虫卵(绦虫卵和多数线虫卵)浮集于液面。常用的漂浮液有饱和食盐溶液、饱和硫酸镁溶液、33%硫酸锌溶液、饱和蔗糖溶液等。

通常用于多数线虫卵、绦虫卵和球虫卵囊的检测。本方法比较灵敏，镜检视野中杂质较少。

(1)饱和食盐水的配制。

称取400 g食盐放入烧杯中，加入1000 mL蒸馏水，煮沸5 min，充分搅拌溶解后静置冷却，待有少量盐析出，即为饱和食盐溶液，密度约为1.18。此溶液在13 ℃以上的环境中才能保持较高密度。

（2）操作方法。

取粪便5～10 g置于烧杯中，先加入少量水，用玻璃棒捣成糊状，再加入饱和食盐水100 mL搅拌均匀，用60目铜筛将粪液过滤到另一烧杯，静置30 min。用直径5～10 mm的铁丝圈，与液面平行接触，蘸取表面液膜，抖落于载玻片上，加盖玻片进行镜检（图1.1）。

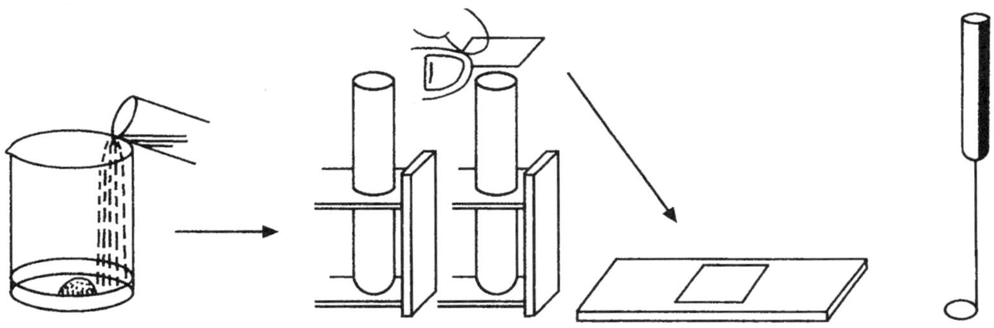

图1.1 漂浮法示意图（引自秦建华、李国清，2015）

3.沉淀法

利用某些蠕虫卵（如吸虫卵、后圆线虫卵和棘头虫卵）和原虫包囊密度比水大的原理，通过静置或离心沉淀的方法使其沉积于容器底部，取沉淀物涂片镜检。该方法可分为自然沉淀法和离心沉淀法两种。

（1）自然沉淀法。

取粪便5～10 g于烧杯中，先加入少量水，用玻璃棒捣成糊状，再加清水100 mL充分搅匀，用60目铜筛过滤到另一烧杯，静置30 min。倒去上层液，保留沉渣，加水混匀，静置30 min。再倒去上层液，保留沉渣。如此反复操作直至上层液体透明，最后倾去上层液，吸取沉渣进行涂片检查。

（2）离心沉淀法。

取粪便5～10 g置于烧杯中，先加入少量清水，用玻璃棒捣成糊状，再加清水100 mL充分搅匀，用40目或60目铜筛过滤到另一烧杯中。将滤液分装至离心管中，配平后置于离心机内，以2000～2500 $r \cdot min^{-1}$的转速进行离心沉淀2 min。倾去上清液，加清水搅匀，再离心。如此反复操作直至上清液清亮，最后倾去部分上清液，留约为沉淀物1/2倍的溶液量，用胶帽吸管吹吸均匀后，滴适量粪汁于载玻片上，加盖玻片镜检。

4.锦纶筛兜淘洗法

取粪便5～10 g，加水搅拌均匀，先用40目或60目铜筛过滤。滤下液再通过260目锦纶筛兜过滤，在锦纶筛兜中加水冲洗，直至洗出液变清亮。用牙签挑取锦纶筛兜中的粪渣进行涂片镜检。

【注意事项】

1. 检查虫卵时，先用低倍镜观察，发现疑似虫卵物后，再转为高倍镜仔细观察。因一般虫卵颜色较淡，镜检时应下移聚光器，视野宜稍暗。

2. 饱和食盐水漂浮法应严格控制漂浮时间为30 min。漂浮液必须饱和且保存在不低于13 ℃的环境中。

3. 为避免相互污染，检查多例粪便时，铁丝圈蘸取完一例漂浮液面后，需先在酒精灯上烧红冷却后再蘸取另一例。

4. 载玻片或盖玻片一定要干净、无油腻，应用玻片清洗液清洗。(玻片清洗液的配制：重铬酸钾79 g，硫酸100 mL，自来水1000 mL，搅拌混匀即得，主要用于清洗玻璃器皿。)

【思考题】

1. 直接涂片法、漂浮法、沉淀法各自的特点及优缺点是什么？

2. 详细描述粪便直接涂片法、沉淀法和饱和食盐水漂浮法的主要操作步骤和注意事项。

3. 饱和食盐水漂浮法检查虫卵的基本原理是什么？

【参考阅读】

1. 蠕虫虫卵与非虫卵的识别

(1)蠕虫虫卵。

虫卵都有卵壳和卵膜结构，并且有一定规则或不规则的形状，如圆形、椭圆形、三角形等，多数是两侧对称的。内含卵细胞或一个发育的幼虫或毛蚴，有一定的颜色，如淡黄色、褐黄色、棕黄色、银灰色等。

(2)非虫卵。

易与虫卵混淆的杂物有植物细胞、花粉颗粒、真菌孢子、脂肪球、气泡、螨虫及其虫卵等。由于种类不同，这些物质的形状、大小、颜色也不同。如各种植物细胞，呈现螺旋形、双层环状物或铺石状，且与虫卵结构明显不同的是，植物细胞都有明显的细胞壁。各种花粉颗粒，都带有一定的颜色，易被误认为是蛔虫卵，但其没有卵壳的构造，表面呈网状或锯齿状。脂肪球和气泡往往呈无色，大小不一，且折光性很强，周围壁较厚，但内部空虚无物，不具有虫卵的一般结构。

2. 各种蠕虫卵的形态特征

(1)吸虫卵。

多呈卵圆形或椭圆形，卵壳由数层膜组成。除日本血吸虫卵外，大多数吸虫卵的一端有卵盖。新鲜粪便中的吸虫卵内一般含有较多的卵黄细胞及其包围的胚细胞或成形的毛蚴。

(2)绦虫卵。

最常见的家畜绦虫卵是圆叶目绦虫卵,但实际上其并不是虫卵,而是卵中的胚胎,大多呈圆形、方形、三角形,大小不一,外层较厚,内含有一个六钩蚴的特殊梨形器等。在高倍镜下可以看到3对小钩状物,其颜色通常为无色,少数呈黄色或黄褐色。

(3)线虫卵。

呈椭圆形或近似圆形,卵壳由两层组成,壳内可见卵细胞,有的线虫卵排出体外时,其内已经含有幼虫。卵壳表面多数光滑,通常为无色、透明,有些也呈灰白色、褐色或黄褐色。

(4)棘头虫卵。

多呈椭圆形或长椭圆形,卵壳很厚,外膜上可见点状或蜂窝状构造,卵内中央有一长椭圆形胚胎,胚胎一端有6个小钩,颜色多呈棕黄色或暗褐色。

3.不同动物蠕虫卵图

(1)反刍家畜蠕虫卵(如图1.2)。

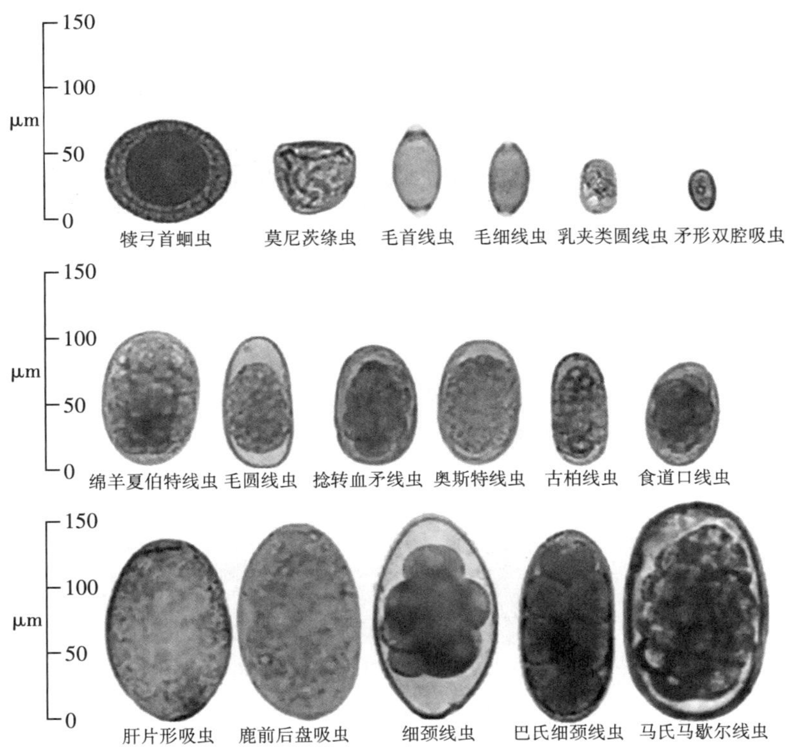

图1.2　反刍家畜蠕虫卵(引自闫文朝,2018)

（2）猪蠕虫卵（如图1.3）。

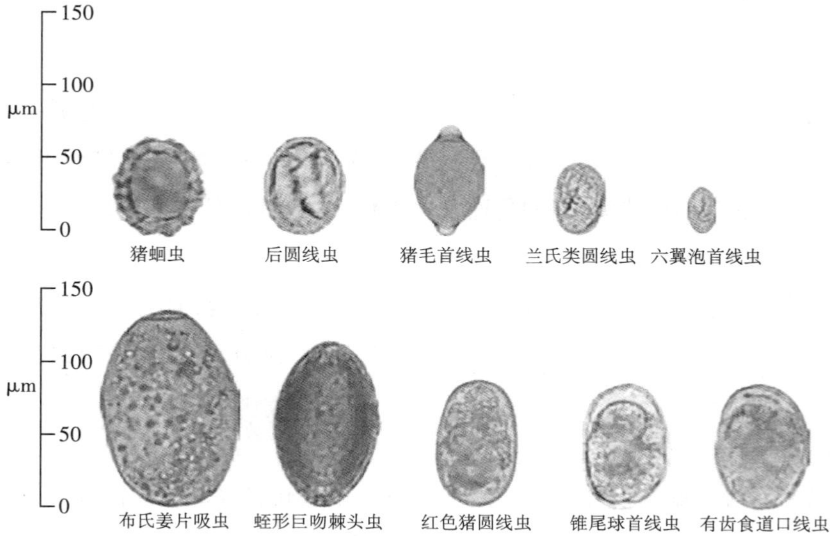

图1.3　猪蠕虫卵（引自闫文朝，2018）

（3）家禽蠕虫卵（如图1.4）。

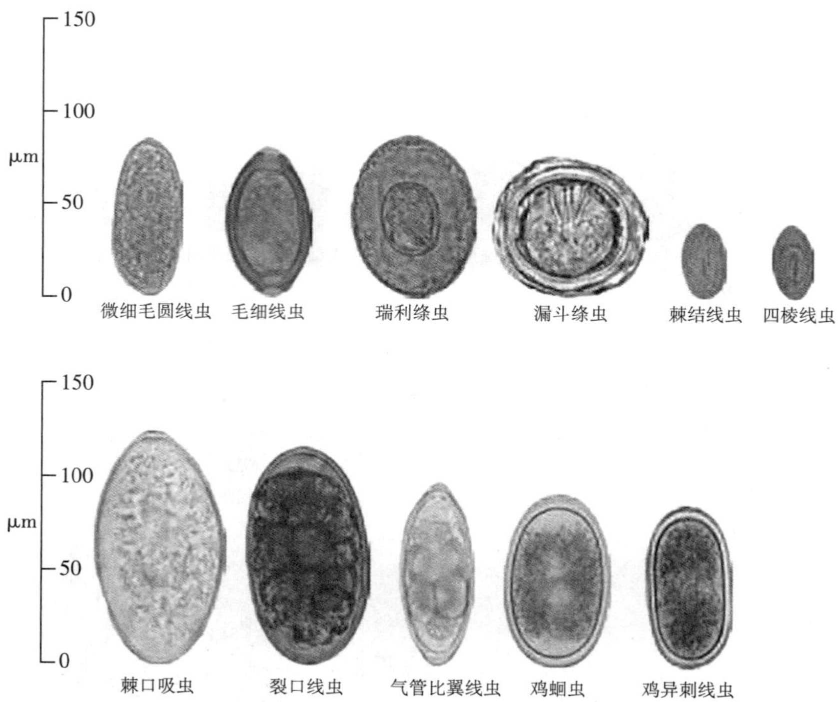

图1.4　家禽蠕虫卵（引自闫文朝，2018）

(4)犬、猫蠕虫卵(如图1.5)。

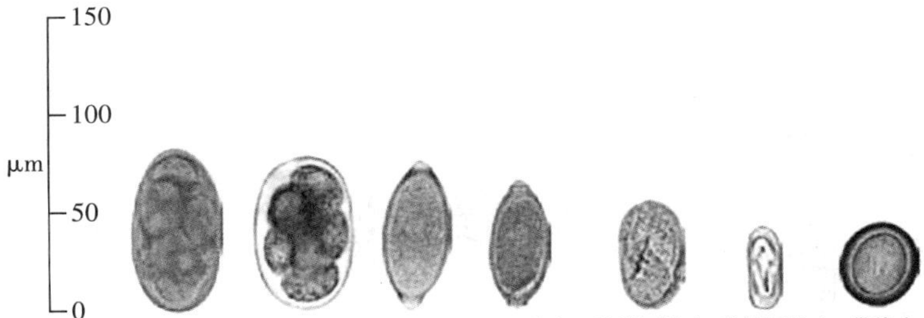

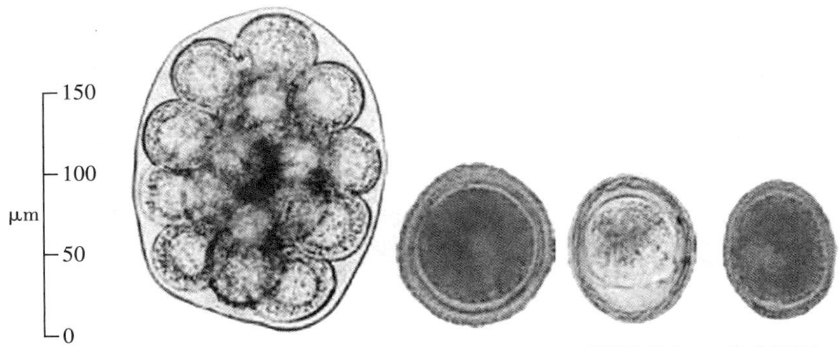

图1.5　犬、猫蠕虫卵(引自闫文朝,2018)

(5)马蠕虫卵(如图1.6)。

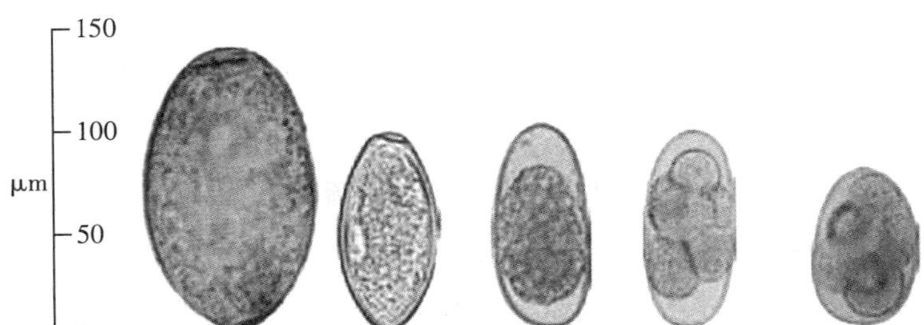

图1.6　马蠕虫卵(引自闫文朝,2018)

4. 显微视野下动物粪便中常见的其他物体(图 1.7)

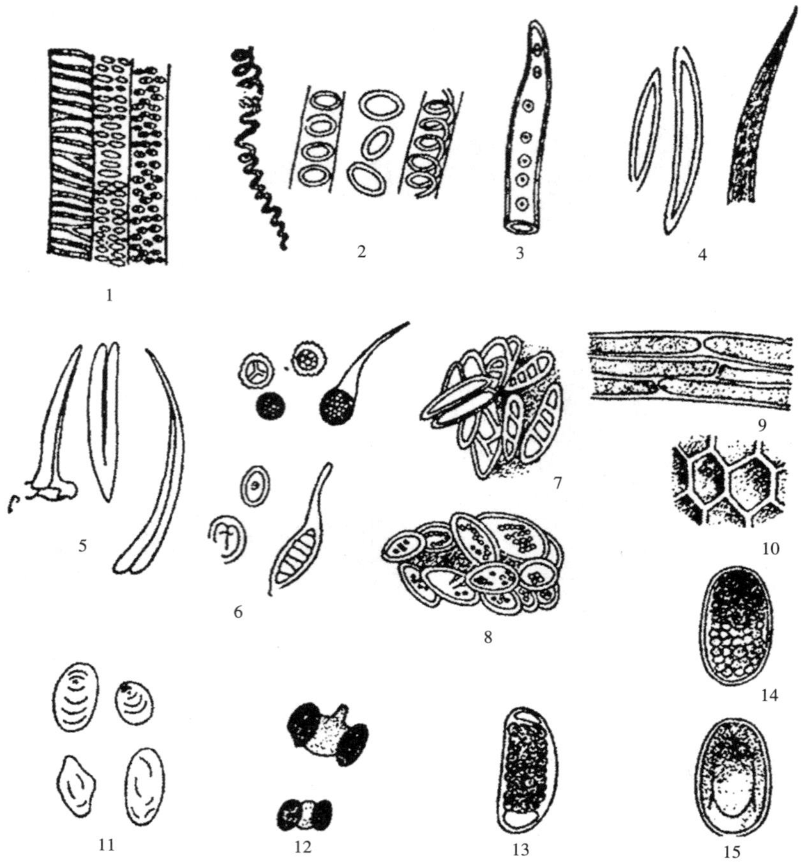

图 1.7　动物粪便中常见的其他物体(引自秦建华、李国清,2015)

1. 植物细胞的导管　2. 螺纹和环纹　3. 管胞　4. 植物纤维　5. 小麦颖毛　6. 真菌孢子　7. 谷壳部分　8. 稻米胚乳　9、10. 植物薄壁细胞　11. 淀粉颗粒　12. 花粉颗粒　13. 植物线虫卵　14. 未发育的螨虫卵　15. 发育中的螨虫卵

【文献拓展】

1. 蒲翠敏,罗引幸,胡兴义,等. 贵州省某野生动物园动物肠道寄生虫调查及其形态学观察[J]. 野生动物学报,2018,39(4):943-947.

2. 张伟,杨宏军,刘玉民,等. 驴常见消化道寄生虫流行病学研究[J]. 黑龙江畜牧兽医(下半月),2018(5):110-112.

3. 李春花,蔡进忠,贾万忠,等. 青海牧区藏犬寄生虫病流行病学调查研究[J]. 青海畜牧兽医杂志,2014,44(4):1-4.

实验2 蠕虫虫卵计数及显微测量技术

虫卵计数法是测定每克动物粪便中的虫卵数(EPG),以此推断动物体内某种寄生虫数量的方法。有时会通过使用驱虫药前后虫卵数量的对比以检查驱虫效果。常用的有斯陶尔氏法和麦克马斯特氏法两种虫卵计数法。而各种寄生虫的虫卵、虫体以及器官,常有恒定的大小。显微测量其大小是确定某类虫卵或幼虫的依据。

【实验目的】

1. 熟悉和掌握样本中蠕虫虫卵的计数及测量其大小的方法。
2. 掌握麦克马斯特氏虫卵计数法和显微测量法的实验原理和关键操作要点。

【实验材料】

1. 实验器材

麦克马斯特氏虫卵计数板、显微镜、100 mL量筒、烧杯、玻璃棒、手动计数器、60目筛网、260目锦纶筛兜、吸管、微量加样器、铁丝圈、载玻片、盖玻片、电动离心机、离心管、玻璃珠、目镜测微尺、物镜测微尺等。

2. 实验试剂

饱和食盐水、4%($0.1mol \cdot L^{-1}$)氢氧化钠溶液等。

【实验方法】

1. 虫卵计数法

虫卵计数法主要用于了解畜禽感染寄生虫的强度及判断驱虫效果。方法有多种,这里介绍两种常用的计数方法。

(1)斯陶尔氏法。

在一小玻璃容器上容量为56 mL和60 mL处各作一个标记,取4%氢氧化钠溶液注入容器内至56 mL处,再加入被检粪便使液面达到60 mL处。加入一些玻璃珠振荡,使粪便破碎且充分混匀。用1 mL的吸管吸取粪液0.15 mL,滴于3~5张载玻片上,盖上盖玻片后镜检,统计虫卵总数。

因0.15 mL粪液中实际含原粪量为0.15×4/60=0.01g,所以,所得虫卵总数应乘100,进而得到每克粪便中的虫卵数(EPG)(图1.8)。

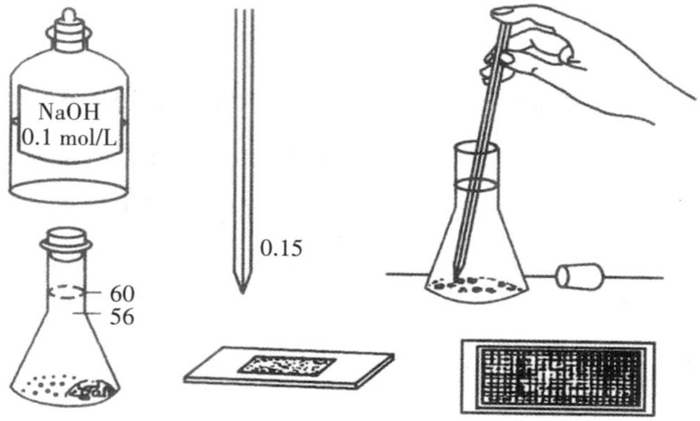

图1.8 斯陶尔氏法示意图(引自秦建华、李国清,2015)

(2)麦克马斯特氏法。

计数室的构造:计数室由两片载玻片制成,上面的比下面的窄。较窄的玻片上刻有2个边长为1 cm的正方形,每个正方形又被平分为6个长方形格子。两玻片间垫有厚度为1.5 mm的玻璃条,形成两个0.15 mL的计数室(图1.9)。

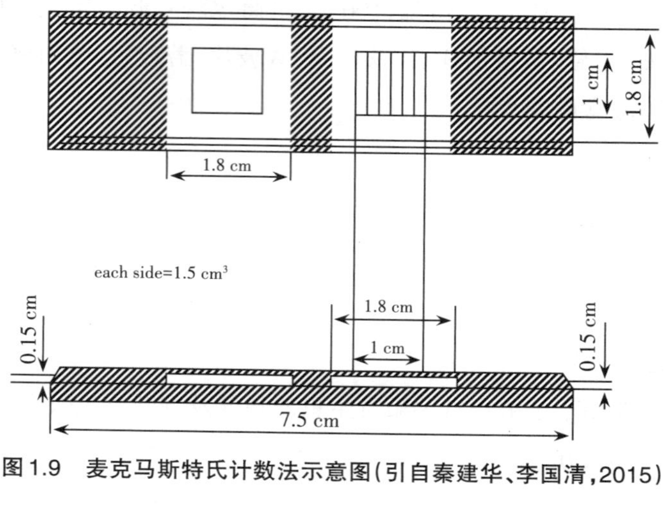

图1.9 麦克马斯特氏计数法示意图(引自秦建华、李国清,2015)

操作步骤:取粪便2 g放于烧瓶内,加入饱和食盐水58 mL,充分振荡混匀。通过60目铜筛过滤,滤液振荡后用吸管取少量滴入计数室内。放置在显微镜台上,静置15~30 min。在低倍镜下记录两个计数室内见到的虫卵,求得两个计数室中虫卵数的平均数。因为一个计数室中的容积为1 cm×1 cm×0.15 cm=0.15 cm^3,0.15 mL粪液中实际含原粪量为0.15×2/60=0.005 g,故乘200即为每克粪便中的虫卵数(EPG)。

2. 寄生虫显微测量

显微镜测微尺是在光学显微镜下测量蠕虫虫卵、原虫卵囊、包囊和滋养体等大小的仪器。它由目镜测微尺和物镜测微尺组成。目镜测微尺为一圆形小玻璃片,使用时装在目镜里。它的中央刻有100等分的小格,每5个小格之间有一稍长线相隔,这些小格在镜下没有绝对长度的意义,而是随着目镜和物镜倍数的不同及镜筒长短的变化而变化。物镜测微尺为一个特制的载玻片,其中央有一黑圈,在圈的中间有一长为1 mm的横线,被平均分成100格,每格为0.01 mm或10 μm,这是绝对长度。

(1)目镜测微尺的标定。

使用前时,需要在不同倍数下用物镜测微尺对目镜测微尺进行标定,以确定目镜测微尺每小格在不同倍数下代表的实际微米数,然后根据虫卵长轴和短轴所占目镜小格的数量来测算虫卵长轴和短轴的长度。

将目镜测微尺放于目镜内,物镜测微尺置于载物台上。在10倍物镜下,调节焦距,使目镜测微尺和物镜测微尺的零点对齐,然后寻找两者较远端的另一重合线,算出目镜测微尺的几格相当于物镜测微尺的几格,从而计算出10倍物镜下目镜测微尺每格的长度(图1.10)。其他物镜倍数下目镜测微尺每格代表的长度计算方法亦相同。最后分别计算出4、10、20、40、100倍物镜下目镜测微尺每格代表的微米数,列在卡片上,具体测量时,一查便知。

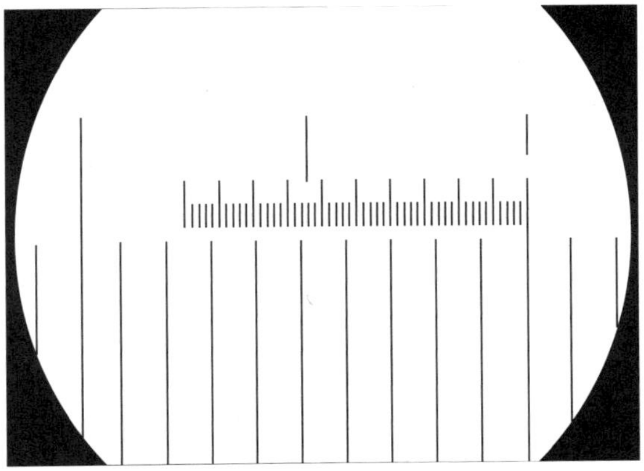

图1.10 目镜测微尺的标定

(2)寄生虫及虫卵大小的测量。

用目镜测微尺测量虫卵大小时,根据虫卵长轴和短轴所占目镜小格数量来测算虫卵长度。球形虫卵是通过测量其直径确定大小;测量较小幼虫时,测量虫体的长度、宽度及各部器官的尺寸大小;虫体弯曲时,可以通过旋转目镜测微尺,进行分段测量,最后将数据相加即可。

【注意事项】

1. 虫卵计数时,所取粪便应干净新鲜,不能掺杂沙土、草根等。必须调好显微镜焦距,计数时不能有遗漏和重复。

2. 计算粪便中EPG值时,从过滤粪液到镜检计数,整个过程要连贯快速,以避免虫卵因漂浮而在粪液中分布不均匀,进而导致计数误差。

3. 粪便滤液注入计数室前要用自来水湿润麦氏虫卵计数板,注入计数室时要匀速,避免产生气泡。

4. 目镜测微尺要进行正确标定,以保证准确测定。不同物镜倍数下一定要分别标定目镜测微尺。

【思考题】

1. 每克粪便虫卵数量是否真实反映宿主寄生虫感染程度?

2. 在10倍目镜、40倍物镜,且镜筒不抽出的情况下,如目镜测微尺的44格相当于镜台测微尺的15格(即150 μm),则该条件下目镜测微尺的每格长度为多少?此时,取下物镜测微尺测量具体虫卵,如果测得其长度为24格,则其虫卵长度为多少?

【文献拓展】

1. 解政,司如群. 规模化肉鸽养殖场消化道寄生虫流行病学调查[J]. 养殖与饲料,2019(1):110-113.

2. 李久纯,赵晓薇. 锦州地区宠物犬寄生虫流行区系及流行病学调查研究[J]. 安徽农业科学,2008,36(12):4990-4991,5019.

3. 侯宏艳,惠文巧,赵瑞宏,等. 山羊粪便寄生虫卵的检测[J]. 安徽农业科学,2014(27):9368-9369,9486.

实验3

蠕虫虫卵培养及分离技术

一部分蠕虫虫卵(如圆线目大部分线虫)在形态上十分相似,若要鉴别,需在一定条件下进行第三期幼虫的培养,根据幼虫的形态特征进行种类鉴定,达到确诊的目的。

幼虫分离法主要用来诊断动物肺线虫病,应用本法也可以发现动物器官组织中的线虫幼虫。由于粪便中的肺线虫虫卵内已含有幼虫,将粪便或组织置于40 ℃温水中,会加速幼虫的运动,增强其逸出粪便或组织的能力,逸出的幼虫进入温水,收集温水即可达到分离和检测幼虫的目的。常用方法包括漏斗幼虫分离法(贝尔曼法)以及平皿法(法依德法)。

【实验目的】

1.熟悉和掌握动物粪便中蠕虫虫卵的培养与分离技术的操作步骤。

2.了解常见线虫幼虫和吸虫毛蚴等蠕虫幼虫的一般形态特征。

【实验材料】

1.实验器材

双目生物显微镜、放大镜、普通恒温培养箱、培养皿、试管、三角烧杯、显微镜、40目筛网、60目筛网、载玻片、盖玻片、胶头吸管、平底孵化瓶、试管、贝尔曼装置(乳胶管两端分别连接漏斗和小试管)、长颈平底烧瓶、漏斗、漏斗架、脱脂棉等。

2.实验试剂

生理盐水、清水等。

【实验方法】

1.蠕虫虫卵培养技术

大部分圆线目线虫卵在形态上十分相似,很难进行鉴别,为了确诊需在一定条件下进行第三期幼虫的培养，再根据这些幼虫的形态进行种类鉴定。

操作方法：取新鲜粪便，捣碎后置于培养皿内（底部加一张滤纸），堆成半球形，顶部略高出培养皿。在培养皿边缘加入少量水，加盖使粪便与皿盖接触。将培养皿放入25～30 ℃的恒温培养箱内进行培养。每天观察并保持滤纸处于潮湿状态，经7～15 d后第三期幼虫出现（图1.11），从粪便中爬到培养皿的盖上或四周。用胶头吸管吸上生理盐水把幼虫冲洗下来，滴在载玻片上，加盖玻片，在显微镜下进行观察。

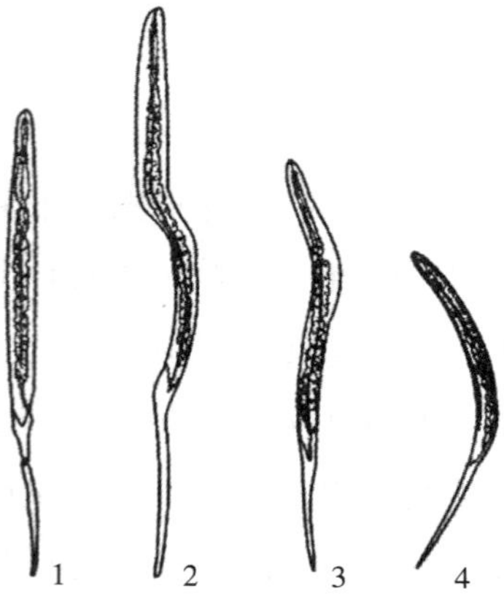

图1.11　马属动物圆线虫第三期幼虫（引自秦建华、李国清，2015）

1.马圆线虫　2.普通圆线虫　3.无齿圆线虫　4.小型圆线虫

2.毛蚴孵化技术

该方法为诊断血吸虫病的专用方法，也是国家考核达标验收时规定的检查方法。其原理是将含有血吸虫卵的粪便在适宜的温度条件下进行孵化，毛蚴从虫卵中孵出来后，凭借毛蚴向上、向光和向清的特性，进行观察，做出诊断。

（1）顶管孵化法。

取新鲜粪便100 g置于容器内，加入500 mL水充分搅拌，通过40～60目铜筛过滤至另一个容器内，加水至九成满，静置沉淀30 min后，倾去上清液，再加清水搅匀，沉淀30 min。如此反复3至4次，最后将上述反复淘洗后的粪渣加25～30 ℃的温水置于三角烧杯中，瓶口用中央插有玻璃管的胶塞塞上，水量以至杯口2 cm处为宜，且玻璃管中必须有一段漏出的水柱（图1.12）。随后将其放入25～35 ℃的温箱中孵化，30 min后开始观察水柱内是否有毛蚴。若没有，往后每隔1 h观察1次，观察数次，直至发现毛蚴。

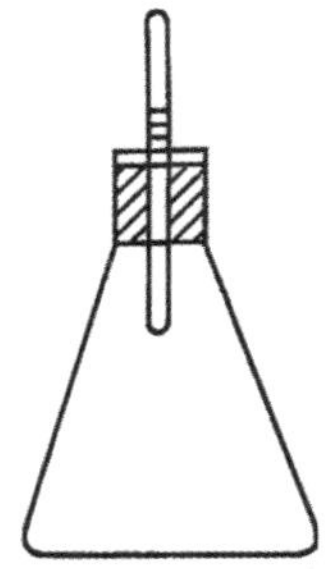

图 1.12　顶管孵化法装置(引自秦建华、李国清,2015)

(2)棉析毛蚴孵化法。

取粪便 50 ~ 100 g 捣碎,将粪渣移入 300 mL 平底孵化瓶中,然后灌注 25 ℃的清水。在液面上方塞一薄层脱脂棉,大小以塞住瓶颈下部不浮动为宜。再缓慢加入 20 ℃清水至脱脂棉上方 10 mL 处,如棉层上面水中有粪便浮动,可将这部分水吸去再加清水,然后进行孵化,0~5 h 后用放大镜观察脱脂棉以上的水中是否有毛蚴,若无则每隔 1 h 观察 1 次,直至发现毛蚴。其分离装置如图 1.13。

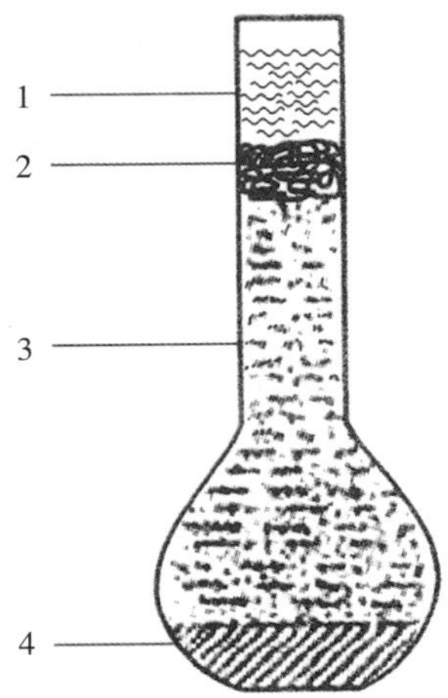

图 1.13　棉析毛蚴孵化法装置示意图(引自秦建华、李国清,2015)

1.水平面　2.棉花　3.浊水层　4.粪渣

观察时应在光线明亮处,以黑色为背景,必要时也可借助放大镜。毛蚴为淡白色折光性强的核形小虫,多在距水面 4 cm 以内的水中做水平或略倾斜的直线运动。

3.幼虫分离技术

反刍兽网尾线虫和类圆线虫的虫卵在新排出的粪便中很快就能发现幼虫。本方法的原理是多数线虫幼虫受重力作用不能移动,在一个没有表面张力的水体内会逐渐下沉。

(1)贝尔曼法。

取粪便15～20 g置于漏斗内的铜丝网筛上,漏斗下接一段橡皮管,其下再接一小试管(图1.14)。随后在滤斗中加入40 ℃温水直至淹没粪球,静置1～3 h后,取下底部小试管,吸取管底沉淀物,进行镜检。也可将试管内样本进行离心,去上清液后吸取沉淀物进行镜检。

图1.14　贝尔曼幼虫分离装置示意图(引自Bowman,2014)

(2)平皿法。

取粪便3～10 g置于培养皿或表面玻璃上,加少量40 ℃温水。等待10～15 min移去粪球,将剩余液体置于低倍镜下检查。

用上述两种方法检查时,可见运动的幼虫。若要将其杀死,做进一步仔细观察,可在有幼虫的载玻片上,滴上卢戈氏碘液,杀死幼虫,并将其染成棕黄色。

【注意事项】

1.在虫卵培养过程中应使培养皿内保持一定的湿度和温度。

2.孵化毛蚴时,要求孵化用水一定要清洁,粪便新鲜,洗粪容器不宜过小,以免增加换水次数,影响毛蚴早期孵出。

3.幼虫分离时,温水必须充满整个小试管和乳胶管,使被检材料浸泡于其中,且中间不得有气泡或空隙。

【思考题】

1.蠕虫虫卵培养技术的操作要领是什么?

2.幼虫分离技术可用于哪些寄生虫卵的分离?

3.毛蚴孵化法的原理是什么?可用于哪种寄生虫病的诊断?

【文献拓展】

1.彭又新,熊家亮.粪便毛蚴孵化法诊断家畜血吸虫病[J].中国畜牧业,2018(7):77-78.

2.王雪峰,蔡爱玲,周明莉.血吸虫病实验诊断的研究现状[J].国际检验医学杂志,2016,37(13):1824-1826.

3.王文忠,李雪霞,丁福先.粪便顶管毛蚴孵化法应注意的问题[J].云南畜牧兽医,2012(2):44-45.

4.范国英,王顺岗,陈桂香.绵羊乳突类圆线虫病的诊断及虫种鉴定[J].湖北农业科学,2015,54(10):2442-2444,2485.

第二章　畜禽吸虫病病原形态学诊断

吸虫属扁形动物门(Platyhelminthes)吸虫纲(Trematoda)分为3个目:单殖目(Monogenea)、盾腹目(Aspidogastrea)和复殖目(Digenea),与兽医有关的主要为复殖吸虫。大多数复殖吸虫的成虫两侧对称,背腹扁平,外观呈叶状或长舌状,有的似圆形或圆柱状,只有分体科(如血吸虫等)为线状。

实验4

家畜吸虫的形态学观察

【实验目的】

1.掌握片形吸虫、姜片吸虫、阔盘吸虫、双腔吸虫、日本血吸虫、前后盘吸虫和华支睾吸虫的基本形态和结构。

2.通过肉眼、放大镜或显微镜观察识别这几种吸虫的种类,了解其寄生部位及中间宿主的种类,能准确诊断这几种吸虫引起的吸虫病。

【实验材料】

1.实验标本

(1)封片标本。

肝片形吸虫、大片形吸虫、姜片吸虫、阔盘吸虫、双腔吸虫、华支睾吸虫和日本血吸虫等虫体的玻片标本。

(2)浸渍标本。

肝片形吸虫、大片形吸虫、姜片吸虫、阔盘吸虫、双腔吸虫、华支睾吸虫、日本血吸虫、前后盘吸虫等虫体的浸渍标本；部分虫卵的浸渍标本；中间宿主椎实螺、钉螺、陆地螺、扁卷螺等的浸渍标本。

(3)虫卵标本。

肝片形吸虫、姜片吸虫、华支睾吸虫等吸虫的虫卵玻片标本或保存虫卵悬液。

2. 实验器材

光学显微镜、放大镜、挂图、载玻片、盖玻片、投影仪等设备。

【实验方法】

对于虫体较小的吸虫染色封片标本应采用低倍(物镜4倍)显微镜进行观察，而较大的虫体染色封片标本使用放大镜观察。观察时应注意其形态特征及大小，比较各种吸虫的独特特征，重点观察其局部构造特征。观察吸虫虫卵标本时，应取洁净的载玻片，在其中央滴加一小滴混匀的虫卵保存液，盖上盖玻片，置于显微镜下观察不同吸虫虫卵的大小和结构特征。

【注意事项】

1. 由于吸虫虫体和虫卵较大，用显微镜观察时，多使用低倍物镜4倍或10倍，重点观察虫体局部构造特征。

2. 观察大体浸渍标本时，要轻拿轻放，爱护实验标本；注意观察标本瓶上的标签信息，并与虫体结构特征联系起来。

【思考题】

1. 描述吸虫的一般形态结构特征(外部形态及生殖系统)。

2. 简述肝片形吸虫、姜片形吸虫的病原形态。

3. 用铅笔绘出姜片吸虫的虫体形态图，并标明主要内部结构。

【参考阅读】

1. 片形吸虫的特征

虫体扁平，叶状或片状，有头锥，口吸盘、腹吸盘接近，有咽，肠支简单或具树枝状侧枝。睾丸前后排列，呈分支状，卵巢分支或不分支，子宫位于睾丸之前。卵黄腺极度发达，分布于虫体两侧及后端。

(1)肝片形吸虫(*Fasciola hepatica*)。

虫体背腹扁平,如榆树叶状,新鲜虫体呈棕红色,大小为(21～41) mm×(9～14) mm。虫体前部较后部宽,前端有一呈三角形的头锥,锥底突然变宽,呈双肩样突出。虫体两条盲肠有许多外侧分支。雌雄同体,两个分支状的睾丸纵列于虫体的中后部,界限不明显,睾丸前方位于虫体中央有一个卵模,一个鹿角状分支的卵巢位于卵模右上方,卵模与腹吸盘之间为盘曲的子宫,卵黄腺密集分布于虫体两侧(图2.1)。

虫卵椭圆形,金黄色或黄褐色,大小为(133～157) μm×(74～91) μm,前端较窄,有个不明显的卵盖,后端较钝,卵壳较薄,半透明,卵内充满卵黄细胞和一个胚细胞。

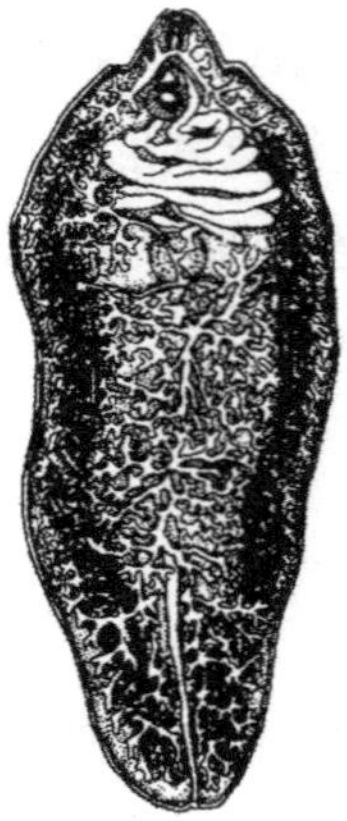

图2.1　肝片形吸虫成虫
(引自汪明,2003)

图2.2　大片形吸虫成虫
(引自闫文朝,2018)

(2)大片形吸虫(*F. gigantica*)。

大片形吸虫与肝片形吸虫在形态上相似,其不同点在于大片形吸虫虫体更为细长,呈柳叶状,大小为(25～75)mm×(5～12)mm,体长与体宽之比约为5∶1,虫体两侧比较平行,前端没有显著的头锥,肩部不明显,后端钝圆。腹吸盘较口吸盘大1.5倍,肠管的内侧分支很多,并有明显的小支,睾丸分支较少,所占空间及其长度也较小(图2. 2)。虫卵较肝片形吸虫虫卵大,大小为(155～190)μm×(75～90)μm。

(3)布氏姜片吸虫(*Fasciolopsis buski*)。

虫体宽大肥厚,大小为(20～75)mm×(8～20)mm。新鲜虫体呈肉红色,固定后为灰白色。口吸盘位于虫体前端,腹吸盘与口吸盘相近,呈强大漏斗状。两条盲肠不分支,呈波浪状弯曲伸达虫体末端。两个分支状睾丸前后排列于虫体后半部,界限明显。树枝状的卵巢位于虫体中部、睾丸前方偏右侧,卵黄腺分布于虫体两侧,盘曲的子宫位于虫体前半部(图2. 3)。

虫卵呈卵圆形，大小为(130～145)μm×(85～97)μm，两端钝圆，淡黄褐色，卵盖不明显，卵黄细胞均匀地分布在卵壳内，胚细胞常靠近卵盖的一端或稍偏向一边。

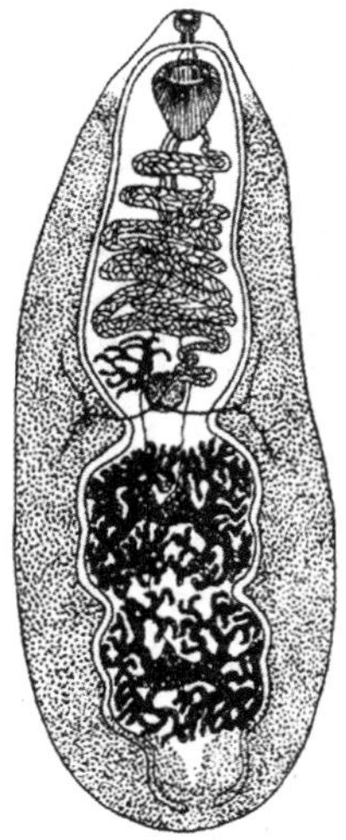

图2.3　布氏姜片吸虫成虫
(引自李国清，1999)

2.双腔吸虫的特征

虫体中型或小型，扁平叶状。睾丸圆形或椭圆形，并列、斜列或前后排列于腹吸盘后方。卵巢圆形，位于睾丸后方的中央或近中央，子宫很发达，几乎充满生殖腺后的大部分空隙，内含大量小型深褐色虫卵。

(1)矛形双腔吸虫(*Dicrocoelium lanceatum*)。

虫体狭长呈矛形，棕红色，大小为(5～15) mm×(1.5～2.5) mm。口吸盘后紧随咽，下接食道和两支简单的肠管。腹吸盘大于口吸盘，位于体前端1/5处。睾丸2枚，圆形或边缘具缺刻，前后排列或斜列于腹吸盘的后方。雄茎囊位于肠分叉与腹吸盘之间，内含有扭曲的贮精囊、前列腺和雄茎。生殖孔开口于肠分叉处。卵巢圆形，位于后睾之后。具有受精囊和劳氏管。卵黄腺位于体中部两侧。子宫弯曲，充满虫体的后半部，内含大量虫卵(图2.4)。虫卵似卵圆形，褐色，具卵盖，大小为(34～44) μm×(29～33) μm，内含毛蚴。

(2)中华双腔吸虫(*D. chinensis*)。

虫体较宽扁，前方体部呈头锥形，后两侧作肩样突，大小为(3.54～8.96) mm×(2.63～3.09) mm。睾丸2枚，呈圆形，边缘不整齐或稍分叶，左右并列于腹吸盘之后。卵巢位于一睾丸之后，略靠体中线(图2.4)。虫卵大小为(45～51) μm×(30～33) μm。

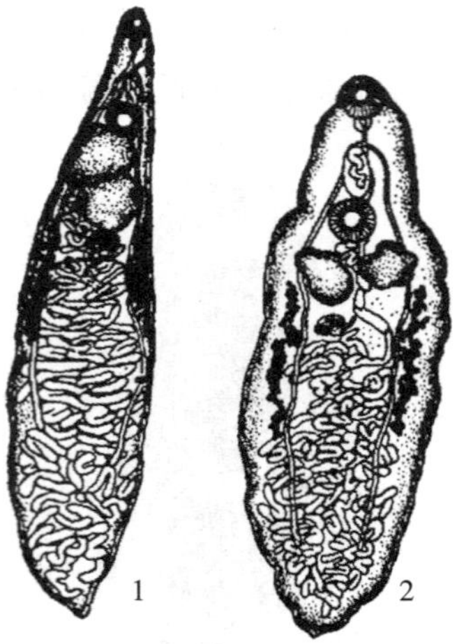

图2.4　双腔吸虫成虫(引自汪明,2003)

1.矛形双腔吸虫　2.中华双腔吸虫

(3)胰阔盘吸虫(*Eurytrema pancreaticum*)。

虫体扁平,较厚,呈长卵圆形,体长(8~16) mm×(5~5.8) mm。吸盘发达,口吸盘较腹吸盘大。咽小,食道短。睾丸2枚,圆形或略分叶,左右排列在腹吸盘水平线的稍后方。生殖孔开口于肠管分叉处的后方。卵巢分叶3~6瓣,位于睾丸之后虫体中线附近,受精囊呈圆形,在卵巢附近。子宫弯曲,在虫体的后半部,内充满棕色的虫卵(图2.5)。卵黄腺呈颗粒状,位于虫体中部两侧。

虫卵呈黄棕色或深褐色,椭圆形,两侧稍不对称,一端有卵盖,大小为(42~50) μm×(26~33) μm,内含1个椭圆形的毛蚴。毛蚴体前端有一锥刺,后方有2个圆形或椭圆形的排泄囊,内含许多颗粒。

(4)腔阔盘吸虫(*E. coelomaticum*)。

虫体呈短椭圆形,大小为(7.48~8.05) mm×(2.73~4.76) mm。体后端具有一明显的尾突,2枚睾丸呈圆形或边缘有缺刻;卵巢大多数边缘完整,呈圆形,少数有缺刻或分叶(图2.5)。虫卵大小为(34~47) μm×(26~36) μm。

(5)支睾阔盘吸虫(*E. cladorchis*)。

虫体呈前端尖、后端钝的瓜子形,大小为(4.49~7.9) mm×(2.17~3.07) mm。腹吸盘小于口吸盘。卵巢分叶5~6瓣。睾丸大而分支(图2.5)。虫卵大小为(45~52) μm×(30~34) μm。

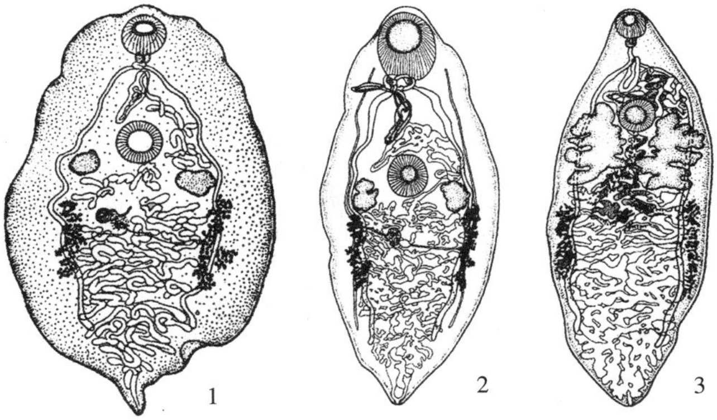

图2.5 阔盘吸虫的成虫(引自孔繁瑶,2010)

1.腔阔盘吸虫 2.胰阔盘吸虫 3.支睾阔盘吸虫

3.分体吸虫的特征

雌雄异体,雄虫具抱雌沟,睾丸4个或更多,或由许多滤泡组成,位于盲肠联合处之前或之后。雌虫较雄虫纤细,卵巢长形,有时呈螺旋状扭曲,位于肠支联合之前。卵黄腺从卵巢之后分布至体末端。子宫弯曲于卵巢之前的两肠支之间。

(1)日本血吸虫(*Schistosoma japonicum*)。

雄虫大小为(10～20) mm×(0.5～0.55) mm。口吸盘位于前端,其后方的腹吸盘较大,具有粗而短的柄。体壁自腹吸盘后方至尾部,两侧向腹面卷起形成抱雌沟。口吸盘内有口,缺咽,肠管在腹吸盘前分为两支。睾丸有7枚,呈椭圆形。雄性生殖孔开口于腹吸盘后抱雌沟内。雌虫较雄虫细长,大小为(15～26) mm×0.3 mm。口吸盘和腹吸盘均较雄虫小。卵巢1枚,呈椭圆形,有卵模。卵模周围为梅氏腺。卵模前为管状子宫,雌性生殖孔开口于腹吸盘后方。卵黄腺呈较规则的分支状(图2.6)。虫卵呈椭圆形,淡黄色,大小为(70～100) μm×(50～65) μm,卵壳较薄,无盖,在其侧方有一小刺,卵内含毛蚴。

(2)土耳其斯坦东毕吸虫(*Orientobilharzia turkestanicum*)。

虫体呈线形,雌雄异体,常为合抱状态。雄虫乳白色,雌虫暗褐色,口、腹吸盘相距近。雄虫大小为(4.39～4.56) mm×(0.36～0.42) mm,有抱雌沟。雌虫较雄虫细长,大小为(3.95～5.73) mm×(0.07～0.116) mm。雌、雄虫均无咽,食道在腹吸盘前方分为两条肠管,在体后部合并成单管。雄虫含睾丸78～80个,呈细小颗粒状,在腹吸盘后侧上方呈不规则双行排列,偶见单列。缺雄茎囊,生殖孔开口于腹吸盘后方。雌虫卵巢位于肠支连接处的前方,呈螺旋状扭曲。卵黄腺在单肠的两侧。子宫短,在卵巢前方,其内通常只有1个虫卵,虫卵大小为(72～74) μm×(22～26) μm。无卵盖,两端各有一附属物,一端较尖,另一端钝圆。

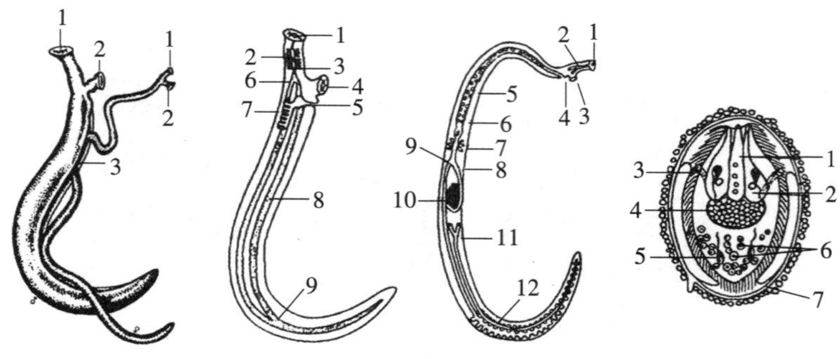

图2.6 日本血吸虫成虫及虫卵（引自闫文朝，2018）

A.雌雄合抱：1.口吸盘 2.腹吸盘 3.抱雌沟

B.雄虫：1.口吸盘 2.食道 3.腺群 4.腹吸盘 5.生殖孔 6.肠管 7.睾丸 8.肠管 9.合一的肠管

C.雌虫：1.口吸盘 2.肠管 3.腹吸盘 4.生殖孔 5~6.虫卵与子宫 7.梅氏腺 8.输卵管 9.卵黄管 10.卵巢 11.肠管合并处 12.卵黄腺

D.虫卵：1.头腺 2.穿刺腺 3.神经突 4.神经元 5.焰细胞 6.胚细胞 7.卵模

（3）程氏东毕吸虫（*O. cheni*）。

雄虫呈乳白色，大小为（3.12~4.99）mm×（0.23~0.34）mm。腹面抱雌沟较土耳其斯坦东毕吸虫明显。睾丸数目为53~99个，一般在60个以上，拥挤重叠，单行排列。雌虫较雄虫小，暗褐色，大小为（2.63~3.00）mm×（0.09~0.14）mm。两肠管在虫体后半部合并。其虫卵大小为（80~130）μm×（30~50）μm。

4.前后盘吸虫的特征

前后盘吸虫的种类繁多，已发现的有50多个种。虫体的大小、颜色、形状及内部构造均因种类不同而有差异。前后盘吸虫总的特征是虫体肥厚，呈长椭圆形或圆锥形，横断面近于圆形，口吸盘在前端，腹吸盘很发达，位于虫体末端。有的种类有腹袋，生殖孔开口于腹袋内，睾丸左右或背腹排列于虫体后端。

（1）鹿前后盘吸虫（*Paramphistomum cervi*）。

虫体圆锥形，白色，大小为（8.8~9.6）mm×（4.0~4.4）mm。口吸盘位于虫体前端，腹吸盘在体亚末端，口、腹吸盘直径比例为1:1.9，缺咽，肠支很长具数个螺旋弯曲达腹吸盘边缘，睾丸2枚，呈类方形，前后斜列于虫体中部。卵巢圆形，位于睾丸后侧缘，输卵管经卵模接子宫。子宫在睾丸后缘经数个回旋弯曲后，沿睾丸背面弯曲上行，至前睾丸前缘，弯曲上行于贮精囊腹面，开口于生殖孔。卵黄腺发达，呈滤状，分布于肠支两侧，自肠分支处开始沿体两侧分布至腹吸盘的前缘（图2.7）。虫卵呈椭圆形，淡灰色，卵黄细胞不充满整个虫卵，虫卵大小为（125~132）μm×（70~80）μm。

图 2.7　鹿前后盘吸虫
(引自孔繁瑶,2010)

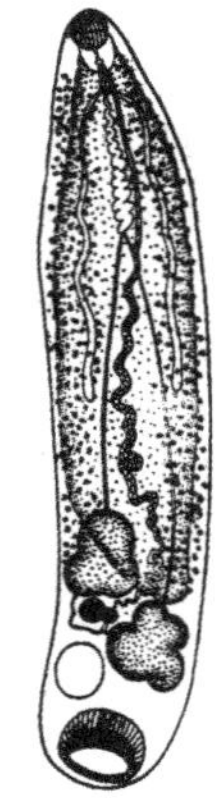

图 2.8　长菲策吸虫
(引自黄兵、沈杰,2006)

(2)殖盘殖盘吸虫(*Cotylophoron cotylophorum*)。

与鹿前后盘吸虫相似,大小为(6.1 ~ 11) mm×(3 ~ 4) mm,但体表光滑,具有生殖吸盘。睾丸例分瓣,前后排列,后睾略大于前睾。肠支只有3个弯曲就达腹吸盘前,无回旋。

(3)长菲策吸虫(*Fischoederius elongatus*)。

虫体呈长圆柱形,具有腹袋,大小为(12.2 ~ 21.7) mm×(2.7 ~ 4.6) mm,其前端在口吸盘后缘,后至睾丸的边缘,两睾丸在腹吸盘前呈背腹斜列,有分瓣,卵巢在睾丸之间。肠管较短呈波浪状弯曲,不超过虫体长度一半(图 2.8)。

(4)荷包腹袋吸虫(*Gastrothylax crumenifer*)。

虫体呈圆柱状,大小为(9 ~ 19.4) mm×(3.4 ~ 6.3)mm,具有腹袋,其前缘在口吸盘后缘,其腔底在腹吸盘的前缘,两支肠管短,呈波浪状弯曲,伸达睾丸的前缘,两枚睾丸左右排列于体后部,卵巢在两睾丸间的中央下方,呈球形(图 2.9)。

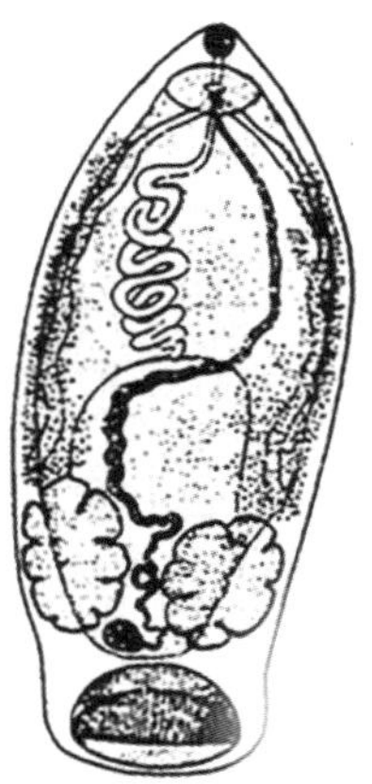

图 2.9　荷包腹袋吸虫
(引自黄兵、沈杰,2006)

(5)野牛平腹吸虫(*Homalogaster paloniae*)。

虫体呈瓜子形,大小为(10~13.5) mm×(6~7) mm,背面隆起,腹面扁平,布满乳突,腹吸盘在体后端。口吸盘后缘各有一口支囊,睾丸2枚,前后排列,边缘常有浅缺刻在肠管分叉后。生殖孔开口于食道中部边缘(图2.10)。

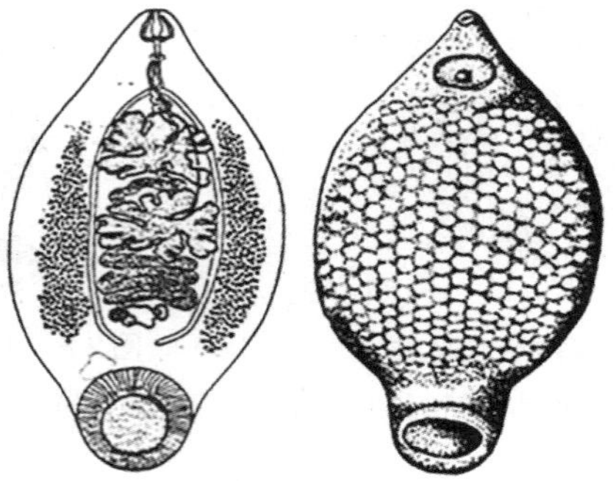

图2.10 野牛平腹吸虫

(引自黄兵、沈杰,2006)

5.华支睾吸虫(*Clonorchis sinensis*)

虫体呈扁平叶状、树叶状,大小为(10~25) mm×(3~5) mm。前端稍尖,后端较钝,口吸盘略大于腹吸盘。2条盲肠直达虫体后端。2枚分支的睾丸,前后排列在虫体的后1/3处。卵巢分叶,位于睾丸之前。受精囊发达,呈椭圆形,位于睾丸与卵巢之间。排泄囊呈S形弯曲,在虫体的后部(图2.11)。虫卵甚小,平均为29 μm×17 μm,形似电灯泡,上端有卵盖,后端有一小突起,内含毛蚴。

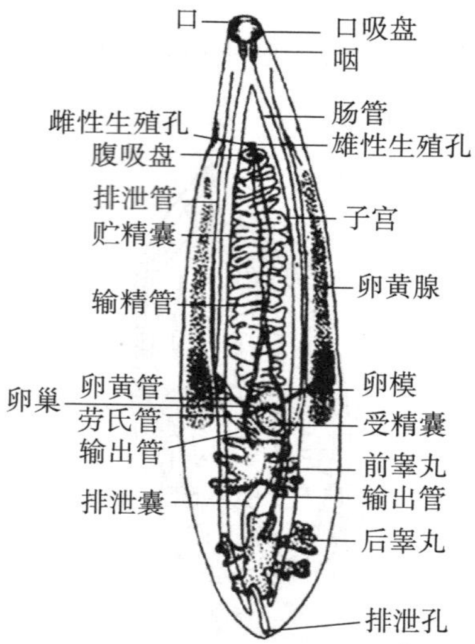

图2.11 华支睾吸虫成虫

(引自李国清,1999)

【文献拓展】

1. Huyse T, Boon N A E, Den Broeck F V, et al. Evolutionary epidemiology of schistosomiasis: linking parasite genetics with disease phenotype in humans[J]. *International Journal for Parasitology*, 2018, 48: 107-115.

2. 翟建元. 酒泉市肃州区山羊肝片吸虫病流行情况调查[J]. 中国草食动物科学, 2020,40(2):85-86.

3. 黄棋,姜唯声,严月康,等. 江西省信丰县华支睾吸虫感染现状调查[J]. 中国寄生虫学与寄生虫病杂志,2020,38(5):670-673.

4. 蒋智华,杨益超. 华支睾吸虫病和麝猫后睾吸虫病的流行和防控现状[J]. 中国热带医学,2020,20(6):578-582.

实验5 家禽吸虫的形态学观察

【实验目的】

1. 掌握寄生于家禽体内常见吸虫的基本构造。

2. 通过肉眼、放大镜或显微镜观察识别前殖吸虫、禽后睾吸虫、棘口吸虫等吸虫的种类。

3. 了解其寄生部位及中间宿主的种类,正确诊断家禽的吸虫病。

【实验材料】

1. 实验标本

(1)封片标本。

卵圆前殖吸虫、透明前殖吸虫、东方次睾吸虫、鸭对体吸虫、鸭后睾吸虫、卷棘口吸虫、宫川棘口吸虫、背孔吸虫、舟形嗜气管吸虫等虫体的玻片标本。

(2)浸渍标本。

前殖吸虫、卷棘口吸虫、舟形嗜气管、背孔吸虫、后睾吸虫等虫体浸渍标本;中间宿主淡水螺、扁卷螺、蜻蜓等的浸渍标本。

(3)虫卵标本。

前殖吸虫、棘口吸虫、后睾吸虫等吸虫虫卵玻片标本或保存虫卵悬液。

2. 实验器材

光学显微镜、放大镜、载玻片、盖玻片、病理标本、挂图或投影仪、解剖针、虫体染色封片等设备。

【实验方法】

1.虫体封片标本观察方法

较小虫体的染色封片标本一般采用低倍(物镜4倍)显微镜进行观察,较大的虫体染色封片标本应用放大镜观察。观察时应注意其虫体的形态特征及大小,比较家禽不同吸虫的独特特征,重点观察其局部构造特征。

2.虫卵标本

对于虫卵保存液的观察,应取洁净的载玻片,在其中央滴加一小滴混匀的虫卵保存液,盖上盖玻片,置于显微镜下观察不同吸虫虫卵的大小和结构特征。

【注意事项】

1.由于吸虫虫体和虫卵较大,显微镜观察时,多使用低倍物镜4倍和10倍,观察虫卵时要注意调节显微镜光圈的大小或灯的亮度,使视野的亮度适中。重点观察虫体局部的特征性结构。

2.正确使用显微镜,通过调节显微镜焦距调节旋钮、光圈、光源控制旋钮和目镜间距等参数,力争使观察的虫卵和虫体内部结构在视野下清晰呈现。

【思考题】

1.简述家禽5种前殖吸虫的形态区别。

2.简述家禽后睾吸虫的形态特征。

3.用铅笔绘出卷棘口吸虫的虫体形态图,并标明主要内部结构。

【参考阅读】

1.前殖吸虫的特征

虫体小型,前端稍尖,后端钝圆,有咽和食道,肠支简单,不伸达后端。睾丸对称,在腹吸盘之后。生殖孔位于口吸盘附近。卵巢位于腹吸盘和睾丸之间。卵黄腺呈葡萄状分布在虫体两侧。子宫盘卷在体后部,虫卵小而数量多。排泄囊呈“Y”字形。较常见的种类有下面5种。

(1)卵圆前殖吸虫(*Prosthogonimus ovatus*)。

虫体呈梨形,新鲜虫体呈鲜红色,固定后为灰白色,大小为(3~6) mm×(1~2) mm,体表有小刺。前端较狭小,后端较钝圆。口吸盘小,位于虫体前端,腹吸盘位于虫体前1/3

处。盲肠两支，其分叉处位于口、腹吸盘之间的中央处附近。睾丸2个，呈长椭圆形，不分叶，位于虫体后半部。卵巢位于腹吸盘的背侧，卵黄腺位于虫体两侧，子宫环不但越出肠管，其上行支还分布于肠叉和腹吸盘之间，形成腹吸盘环。生殖孔开口于口吸盘的左侧。虫卵小，椭圆形，棕褐色，壳薄，一端有卵盖，另一端有小刺，大小为（22～24）μm×13 μm（图2.12）。

（2）透明前殖吸虫（*P. pellucidus*）。

虫体呈梨形，大小为（6.5～8.2）mm×（2.5～4.2）mm，体表小棘仅分布在虫体前半部。口吸盘近圆形，盲肠的末端伸达虫体后部。睾丸呈卵圆形，位于虫体中央两侧。卵巢有3～4叶，位于腹吸盘与睾丸之间。卵黄腺起自腹吸盘的后缘，后端终于睾丸之后。子宫越出肠管的外侧。虫卵深褐色，大小为（26～32）μm×（10～15 μm（图2.12）。

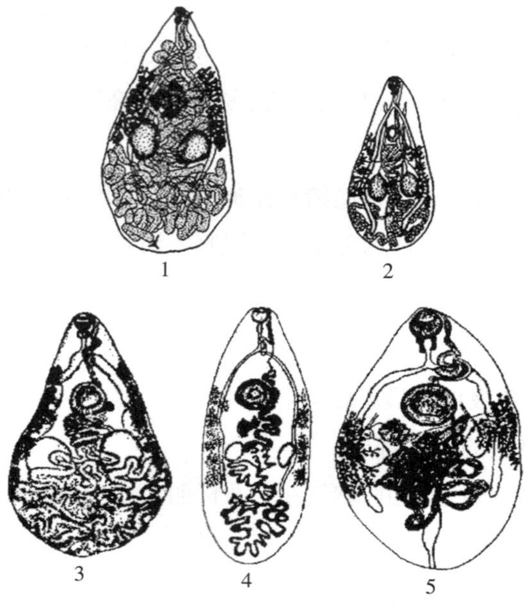

图2.12　家禽前殖吸虫成虫（引自李国清，1999）

1.卵圆前殖吸虫　2.透明前殖吸虫　3.楔形前殖吸虫
4.鲁氏前殖吸虫　5.家鸭前殖吸虫

（3）楔形前殖吸虫（*P. cuneatus*）。

虫体呈梨形，大小为（2.89～7.14）mm ×（1.7～3.71）mm，体表被小棘。咽呈球状，盲肠末端伸达虫体后部1/5处。睾丸呈卵圆形，贮精囊越过肠叉。卵巢有3叶以上，卵黄腺自腹吸盘向后，伸达睾丸之后，每侧7～8簇。子宫越出盲肠之外。虫卵大小为（22～28）μm×13 μm（图2.12）。

(4)鲁氏前殖吸虫(*P. rudolphi*)。

虫体呈椭圆形，大小为(1.35～5.75) mm×(1.2～3.0) mm。睾丸位于虫体中部的两侧，贮精囊伸过肠叉。卵巢分为5叶，卵黄腺前端起自腹吸盘，后端越过睾丸，伸达肠管的末端。子宫分布于两盲肠之间。虫卵大小为(24～30) μm×(12～15) μm(图2.12)。

(5)家鸭前殖吸虫(*P. anatinus*)。

虫体呈梨形，大小为3.8 mm×2.3 mm，盲肠的末端在虫体后1/4处。贮精囊呈窦状，伸达肠叉与腹吸盘之间。卵巢小，有5叶，位于腹吸盘与睾丸之间，卵黄腺每侧有7簇。子宫环不越出肠管。虫卵大小为23 μm×13μm (图2.12)。

2.家禽后睾吸虫的特征

虫体中、小型，口、腹吸盘相距较近，具有咽和食道，肠支简单，达到或不达到虫体后端。睾丸略斜列或纵列，偶有并列者，缺阴茎囊，生殖孔在腹吸盘之前。卵巢通常在睾丸之前，有或无受精囊和劳氏管。

(1)东方次睾吸虫(*Metorchis orientalis*)。

虫体呈叶状，大小为(2.4～4.7) mm×(0.5～1.2) mm，体表有小棘。口吸盘位于虫体前端，腹吸盘位于虫体前1/4处中央。睾丸大，稍分叶，前后排列于虫体的后部。卵巢椭圆形，位于睾丸前方，受精囊位于前睾丸的前方，卵巢的右侧。卵黄腺分布于虫体的两侧，子宫盘曲于卵巢的前方，伸达腹吸盘上方，内充满虫卵，生殖孔位于腹吸盘前方(图2.13)。虫卵椭圆形，浅黄色，大小为(28～31) μm×(12～15) μm，有卵盖，内含毛蚴。

图2.13　东方次睾吸虫
(引自孔繁瑶,2010)

(2)鸭对体吸虫(*Amphimerus anatis*)。

虫体窄长，后端尖细，大小为(14～24) mm×(0.88～1.12) mm。口吸盘位于虫体的前端，腹吸盘小，位于虫体前1/5处。2条盲肠伸达虫体后端。睾丸呈长圆形，分叶或不分叶，前后排列于虫体的后部。生殖孔位于腹吸盘前缘。卵巢分叶，位于前睾丸之前。受精囊紧接于卵巢之后，子宫盘曲于虫体中部，卵黄腺分布于虫体中后方的两侧(图2.14)。虫卵是卵圆形，一端有盖，另一端有较尖的刺突，大小为(25～28) μm×(13～14) μm。

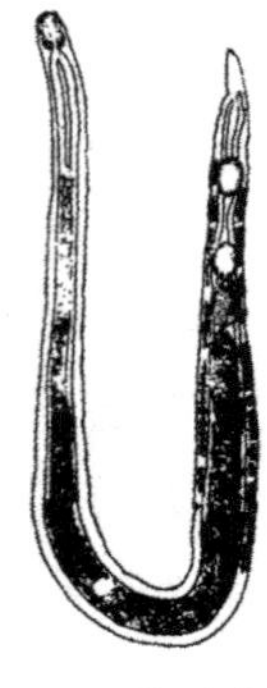

图2.14　鸭对体吸虫
(引自孔繁瑶，2010)

3.棘口吸虫的特征

虫体中、小型，长叶片形。体前端具头冠(头领)，上有1～2列头棘。体表具棘或鳞片。睾丸完整或分叶，前后排列，有时斜列，位于虫体中部或稍后。阴茎囊斜置于肠分叉和腹吸盘之间，生殖孔在腹吸盘之前。卵巢在睾丸之前，无受精囊，有劳氏管。卵黄腺分布于虫体两侧，子宫盘曲于卵巢或前睾丸与生殖孔之间。

(1)卷棘口吸虫(*Echinostoma revolutum*)。

虫体粉红色，长叶形，向腹面卷曲，两体侧平行，大小为(7.6～12.6) mm×(1.26～1.6) mm。头领发达，具有头棘37枚。口吸盘位于体前端亚腹面，呈圆形。腹吸盘位于体前1/4部处，呈圆形，腹吸盘大于口吸盘。睾丸两枚呈长椭圆形，前后排列，生殖孔开口于阴茎囊的前端。卵巢呈圆形或扁圆形，位于虫体中央稍前方，向后通出输卵管接卵模，外围有梅氏腺，无受精囊(图2.15)。子宫较长，内含有虫卵，虫卵椭圆形，大小为(114～126) μm×(64～72) μm，前端具卵盖，后端有皱褶。

图2.15　卷棘口吸虫
(引自孔繁瑶，2010)

(2)宫川棘口吸虫(*E. miyagawai*)。

虫体长叶形,黄色,两端钝圆,腹吸盘后两体侧近平行,大小为(8.6 ~ 18.4) mm×(1.62 ~ 2.48) mm。头领发达,具有头棘37枚,前后两排相互排列。口吸盘位于体前端亚腹面,腹吸盘位于体前部1/5处。睾丸位于体后部,前后排列,阴茎囊位于肠分支与腹吸盘之间,呈椭圆形。卵巢位于虫体中央,卵黄腺自腹吸盘后缘开始分布至虫体末端。子宫长而弯曲,内含虫卵,大小为(95 ~ 104) μm×(58 ~ 66) μm。

4.纤细背孔吸虫(*Notocotylus attenuatus*)

虫体呈长椭圆形,前端稍狭,后端钝圆,活虫体呈粉红色,大小为(2.2 ~ 5.7) mm×(0.82 ~ 1.85) mm。虫体腹面具有圆形或椭圆形的腹腺,分3行纵列,中列为14 ~ 15个,两侧列各为14 ~ 17个。口吸盘近圆形,位于体前端,无腹吸盘。无咽,食道短,两根肠管沿体两侧向后延伸至近末端。睾丸分叶,左右排列于虫体后端两侧,两肠管的外侧。阴茎囊长袋状或棒状,纵位于虫体前半部。生殖孔位于肠叉之后。卵巢分叶,位于两睾丸之间,梅氏腺位于卵巢之前(图2.16)。虫卵小,大小为(15 ~ 21) μm×(1.0 ~ 1.2) μm,两端各具一条长0.277 mm的卵丝。

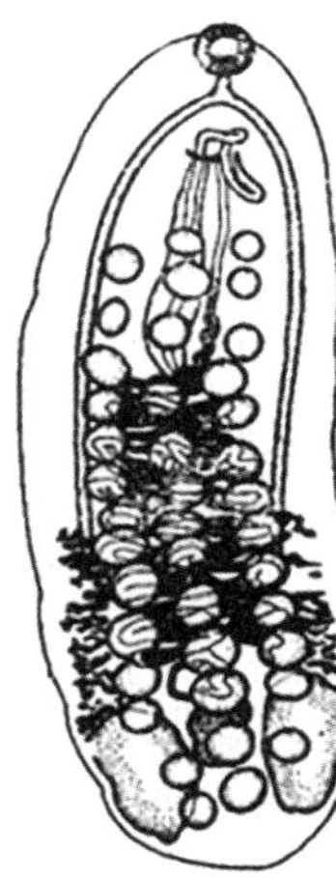

图2.16　背孔吸虫

(引自孔繁瑶,2010)

5.舟形嗜气管吸虫(*Tracheophilus sisowi*)

虫体扁平、椭圆形,两端钝圆,大小为(6.0 ~ 11.5) mm×(2.5 ~ 4.5) mm。无口、腹吸盘,口孔位于体前端,咽圆球形,食道短,两根肠管在体后合并成"肠弧",肠管内侧有许多盲突。睾丸圆形或卵圆形,前后斜列,后睾丸位于肠弧之内的后方,前睾丸在肠弧之内的左侧,生殖孔位于咽稍前的体中央。卵巢圆形,在肠弧之内的右侧,位于前睾丸或两睾丸之间的对侧,与两睾丸呈三角形排列。卵黄腺起始于咽的两侧,沿两肠支及肠支外侧分布至体末端，两侧卵黄腺在后端相汇合或不相汇合。子宫发达，充满肠管之内的全部空隙（图 2.17）。虫卵呈卵圆形，具卵盖，大小为 122 μm×63 μm，卵内含毛蚴，毛蚴具黑色眼点并含有雷蚴。

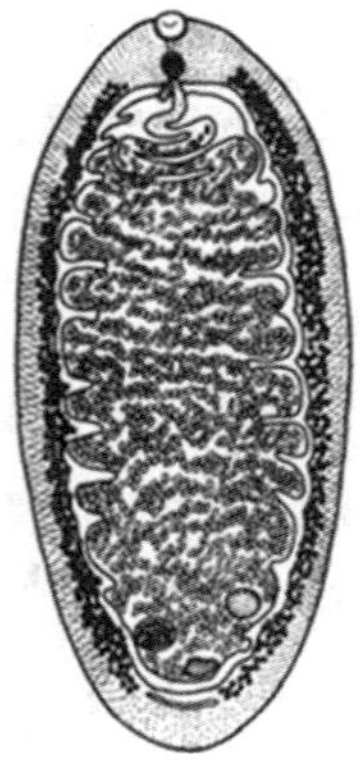

图2.17　舟形嗜气管吸虫
（引自黄兵、沈杰，2006）

6. 鸡嗜眼吸虫（*Philophthalonus gralli*）

虫体呈较窄的扁圆筒状，体表光滑无棘，大小为（2.15 ~ 6.49）mm×（0.8 ~ 1.97）mm。口吸盘亚顶位，腹吸盘位于体前 1/4 ~ 1/3 处，大于腹吸盘。咽发达，食道短，两肠支伸达体后端。睾丸呈圆形、椭圆形或不规则的三角形，前后排列于虫体后 1/5 ~ 1/4 部的中央。阴茎囊位于腹吸盘的一侧，生殖孔位于肠分叉处的腹面。卵巢圆形，位于睾丸前方，有劳氏管和受精囊。卵黄腺分布于腹吸盘与前睾丸之间的体两侧。子宫盘曲于前睾丸和腹吸盘之间。排泄囊呈横卵圆形，位于体后端中央（图 2.18）。虫卵椭圆形，壳薄，无卵盖，大小为（155 ~ 173）μm×（70 ~ 85）μm，卵内含具眼点的毛蚴。

图2.18　鸡嗜眼吸虫
（引自陈心陶，1985）

【文献拓展】

1. 张勇，白庭富，庄杉杉，等. 人体混合感染巨片吸虫和巨片吸虫与肝片吸虫的中间型[J]. 昆明医科大学学报，2018，39(4)：40-46.

2. 郭明佳，陈刚，唐洁，等. 肝片吸虫蚴虫的形态学及分子学鉴定[J]. 畜牧与兽医，2016，48(6)：6-9.

3. 梁思婷，董辉，朱顺海，等. 喜鹊和山斑鸠体内棘口科吸虫的种类鉴定[J]. 中国动物传染病学报，2015，23(4)：44-52.

4. 岳东梅，王金磊，马君，等. 甘肃临夏绵羊双腔吸虫的感染与鉴定[J]. 中国兽医杂志，2016，52(9)：13-15.

第三章　畜禽绦虫病病原形态学诊断

绦虫隶属于扁形动物门(Platyhelminthes)绦虫纲(Cestoidea),其中只有多节绦虫亚纲中的圆叶目(Cyclophyllidea)和假叶目(Pseudophyllidea)对畜禽及人体有感染性。绦虫是背腹扁平、左右对称、雌雄同体、体分节的带状虫体。虫体为白色或乳白色,不透明,大小差别因种类而异,由数毫米至数米不等。一条完整的绦虫由头节、颈节与链体(或体节)构成。本章主要介绍常见家畜的绦虫蚴和畜禽绦虫的形态特征。

实验6　家畜绦虫蚴的形态学观察

【实验目的】

1.掌握猪囊尾蚴、牛囊尾蚴、细颈囊尾蚴、棘球蚴和多头蚴等中绦期幼虫的基本形态和结构特征。

2.通过肉眼、放大镜或显微镜观察识别绦虫蚴,了解其寄生部位及中间宿主的种类,能准确诊断由绦虫蚴引起的疾病。

【实验材料】

1.实验标本

(1)封片标本。

猪囊尾蚴、牛囊尾蚴、细颈囊尾蚴、棘球蚴和多头蚴等绦虫蚴及其成虫的玻片标本。

(2)浸渍标本。

猪囊尾蚴、牛囊尾蚴、细颈囊尾蚴、棘球蚴和多头蚴等绦虫蚴及其成虫的浸渍标本，以及这些虫体寄生组织的病理浸渍标本。

2. 实验器材

光学显微镜、放大镜、挂图、载玻片、盖玻片、投影仪等设备。

【实验方法】

1. 玻片标本的观察

在显微镜下，仔细观察猪囊尾蚴、牛囊尾蚴、细颈囊尾蚴、豆状囊尾蚴外翻头节的染色玻片标本。

2. 浸渍标本的观察

取猪囊尾蚴、牛囊尾蚴、细颈囊尾蚴、豆状囊尾蚴、棘球蚴等浸渍标本，仔细观察绦虫蚴的大小、颜色、形状特征，对照标本瓶标注信息和课本相关内容，巩固对不同绦虫蚴的形态结构特征的理解和掌握。

【注意事项】

1. 从标本瓶内取出绦虫的浸渍标本时，一定要轻取轻放，以防节片脱落。观察完毕，将标本放回原处。

2. 观察大体浸渍标本时，要对照标本瓶标注信息，准确掌握绦虫蚴的名称、宿主和寄生部位等重要知识点。

【思考题】

1. 上述各种绦虫蚴的主要区别是什么？

2. 上述各种绦虫蚴的寄生部位和终末宿主分别是什么？

3. 用铅笔绘制多头蚴的形态图。

【参考阅读】

1. 猪囊尾蚴(*Cysticercus cellulosae*)

猪囊尾蚴是有钩绦虫的幼虫阶段，也称为猪囊虫。外形椭圆，约黄豆大小，为半透明的包囊(图 3.1)，囊内充满液体，囊壁为一层薄膜，其上有一个圆形乳白色头节，头节的构造和成虫相同(图3.2)。幼虫寄生在猪和人的全身肌肉,尤其多见于心肌、舌肌、咬肌、肋间肌和胸肌,也可寄生在脑、眼、肝、肺、脂肪等处。

成虫为猪带绦虫(*Taenia solium*),又称有钩绦虫,寄生于人的小肠。虫体长2~5 m,链体由700~1000个节片组成,头节呈圆球形,顶突上有25~50个角质小钩,分内外两圈交替排列,内排钩较大,外排钩较小。顶突后外方有4个碗状的吸盘,颈节细小,长5~10 mm,幼节的宽大于长,成熟节片长、宽几乎相等,孕节长大于宽,每个成熟节片有一组雌雄生殖器官,睾丸泡状,150~200个,分散于节片的背侧,卵巢除分2叶外,还有1个副叶(图3.3)。子宫为一直管,孕节的子宫每侧分支7~12个。虫卵圆形,卵壳薄,胚膜甚厚,具辐射状条纹,内含一个六钩蚴。

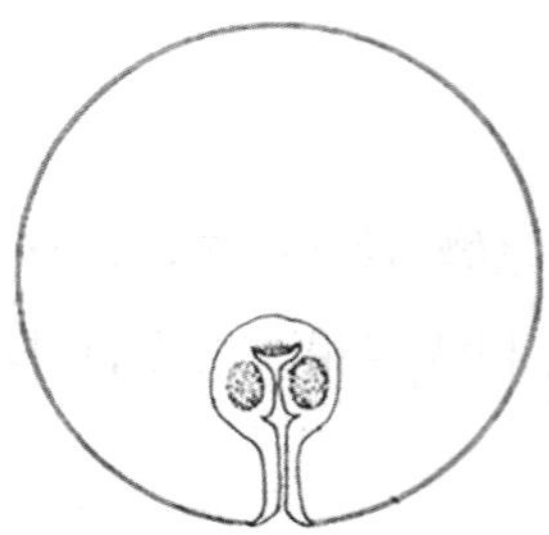

图3.1　猪囊尾蚴
(引自孔繁瑶,2010)

图3.2　染色的猪囊尾蚴
(引自张瑞琳,2015)

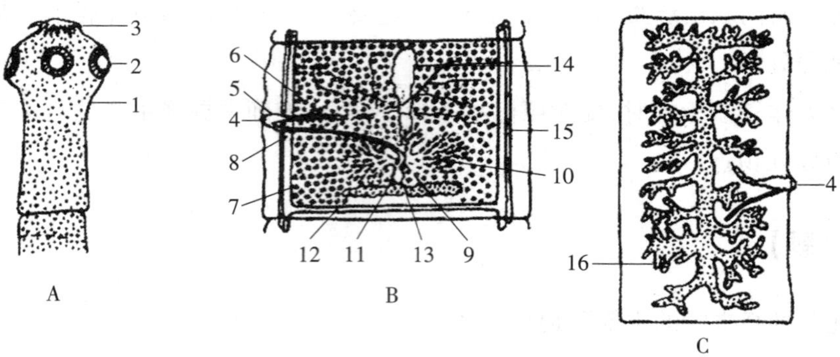

图3.3　猪带绦虫成虫的头节(A)、成节(B)和孕节(C)的结构(引自孔繁瑶,2010)

1.头节　2.吸盘　3.顶突　4.生殖孔　5.雄茎囊　6.输精管　7.睾丸　8.阴道　9.受精囊　10.卵巢　11.输卵管　12.卵黄腺　13.卵模与梅氏腺　14.子宫　15.纵排泄管　16.孕节子宫分支

2.牛囊尾蚴(*Cysticercus bovis*)

牛囊尾蚴是无钩绦虫的幼虫阶段,也称为牛囊虫,寄生于牛的全身肌肉。其形态特征除头节上无顶突和小钩外,与猪囊尾蚴相同。

成虫为肥胖带吻绦虫(*Taeniarhynchus saginatus*),又名牛带绦虫或无钩绦虫,与有钩绦虫的区别是头节上无顶突及角质小钩,链体由1000~2000个节片组成;睾丸300~400个,卵巢分两大叶，无副叶；孕节子宫每侧分支15～30个（图3.4）。成虫寄生在人的小肠上。

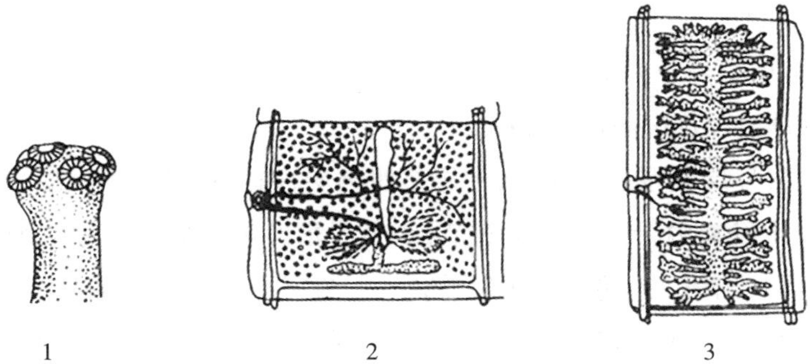

图3.4　肥胖带吻绦虫（引自孔繁瑶，2010）

1.头节　2.成节　3.孕节

3.细颈囊尾蚴（*Cysticercus tenuicollis*）

细颈囊尾蚴是泡状带绦虫的幼虫阶段，俗称水铃铛，呈泡囊状，囊壁乳白色，泡内充满透明液，大小可由黄豆大至鸡蛋大；肉眼可见囊壁上有一个不透明的乳白色结节，即为头节，如让头节翻出，可见其细长的颈部（图3.5）。寄生在猪、牛、羊的肝、肺等脏器和网膜、肠系膜等处。

成虫为泡状带绦虫（*Taenia hydatigena*），寄生在犬、狼、狐狸等肉食兽的小肠。该虫是一种较大型的虫体，链体由360～500个节片组成，头节稍宽于颈节，顶突有30～40个小钩排成2列。前部节片短宽，向后逐渐加长，孕节长大于宽，孕节中的子宫每侧有5～13个粗大分支，每支又有小分支。虫卵近似椭圆形，大小为38～39 μm，内含六钩蚴（图3.6）。

图3.5　细颈囊尾蚴（引自孔繁瑶，2010）

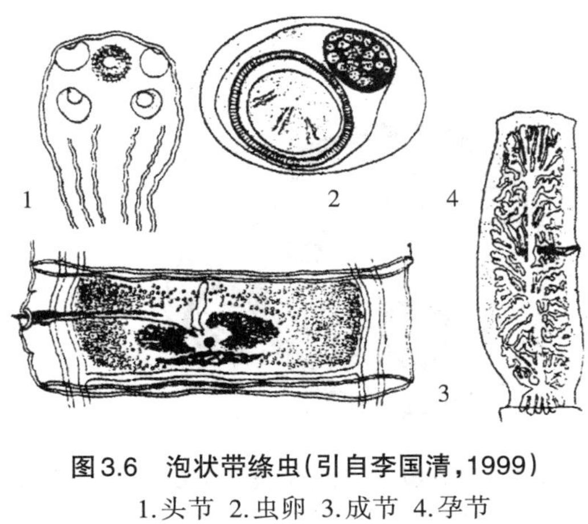

图3.6　泡状带绦虫（引自李国清，1999）

1.头节　2.虫卵　3.成节　4.孕节

4.棘球蚴

棘球蚴是细粒棘球绦虫的幼虫阶段，寄生于牛、羊、猪的肝、肺，也寄生于人体。幼虫呈包囊状构造，内含液体，大小及形状常因寄生部位的不同而不同，一般近似球形，直径一般为5~10 cm，而小的幼虫仅有黄豆大，巨大的幼虫直径有50 cm。棘球蚴一般可分为单房型和多房型2种。

单房型最常见的可分为3类。

(1)人型棘球蚴(*Echinococcus hominis*)。

囊壁有三层，外层较厚是角质层，中层是肌肉层，内层很薄为生发层。在生发层上可长出生发囊，在生发囊内壁上可长出头节，头节脱落游离在囊液中称为棘球砂。在囊壁的生发层上还可长出第二代包囊，称为子囊。子囊向母囊内生长的称为内生性子囊，向母囊外生长的称为外生性子囊。在子囊的生长层上还可长出孙囊，子囊、孙囊都具有与母囊相同的构造(图3.7)。这一类型的棘球蚴多见于人，而家畜中仅见于牛。

(2)兽型棘球蚴(*E. veterinarum*)。

基本构造与人型相似，但在生发层上不长出子囊和孙囊，多见于绵羊。

(3) 无头型棘球蚴(*E. acephalocysta*)。

因囊内无生发层，不能长出头节、子囊和孙囊，这一类型的棘球蚴称为不育囊，多见于牛，在流行病学上没有什么意义。多房型不形成大囊，而由很多小囊聚集而成，小囊内既无液体，亦无头节，多见于牛。

成虫为细粒棘球绦虫(*E. granulosus*)，寄生在犬、狼、狐、豹等肉食兽的小肠中。虫体很小，全长2~6 mm，由1个头节和3~4个节片组成，头节有吸盘、顶突和小钩。成节含雌雄器官各一，睾丸有35~55个，雄茎囊呈梨形，卵巢呈铁蹄形，孕节中的子宫每侧有12~15个分支(图3.8)。

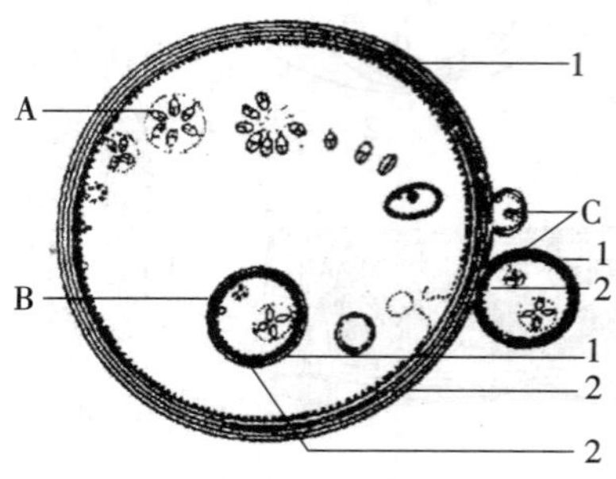

图3.7 棘球蚴(引自孔繁瑶，2010)

A.生发囊 B.内生性子囊 C.外生性子囊

1.角皮层 2.胚层

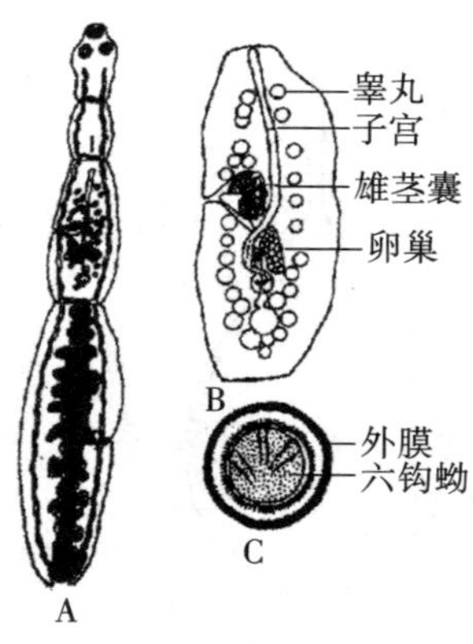

图3.8 细粒棘球绦虫(引自杨光友，2009)

A.成虫 B.成节 C.虫卵

5.多头蚴

多头蚴是多头绦虫的幼虫阶段，以下2种常见于我国的牛和羊中。

(1)脑多头蚴(*Coenurus cerebralis*)。

脑多头蚴是多头带绦虫(*Taenia multiceps*)(曾称"多头绦虫")的幼虫,寄生在牛、羊、骆驼等的脑内,所以亦称为脑包虫。呈囊泡状,囊体由豌豆大到鸡蛋大,囊内充满透明液体。囊壁由两层膜组成,外膜为角质层,内膜为生发层,其上有许多原头蚴(头节),数目一般100～250个(图3.9),有学者曾在一羚牛的脑内发现一含有678个原头蚴的脑多头蚴。

成虫寄生在犬、狼、狐狸的小肠内,其形态与猪带绦虫相似,但较小,链体长40～100 cm,节片200～250个,头节有4个吸盘。顶突上有22～32个小钩,分两圈排列。成节呈方形或长大于宽。睾丸约200个。卵巢分两叶,大小几乎相等(图3.10)。孕节子宫每侧有14～26个侧支,并有再分支,但数目不多。卵为圆形。

(2)斯氏多头蚴(*Coenurus skrjabini*)。

斯氏多头蚴是斯氏多头绦虫(*Multiceps skrjabini*)的幼虫阶段,寄生在羊的肌肉或皮下,幼虫的形态结构颇似脑多头蚴。不生成子囊,囊体是单一的,体积一般如鸡蛋大,囊内充满透明液体,从囊外可见到内膜上有成簇的粟粒大的乳白色头节,数目可达250个或更多。头节前端有4个圆形吸盘,有1圈大钩和1圈小钩相间地排列在顶突周围。成虫寄生在犬、狼、狐狸的小肠中。

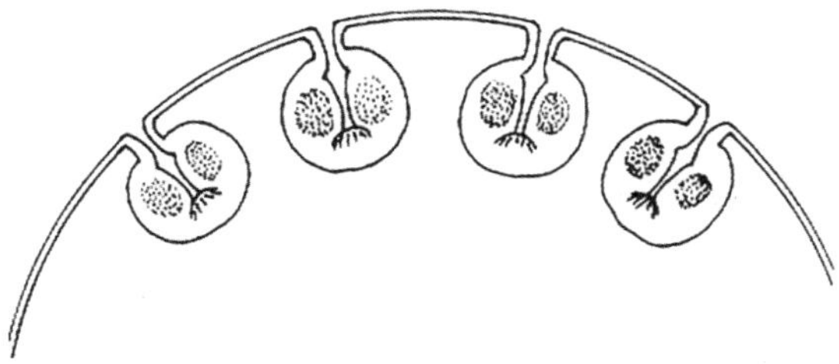

图3.9　脑多头蚴

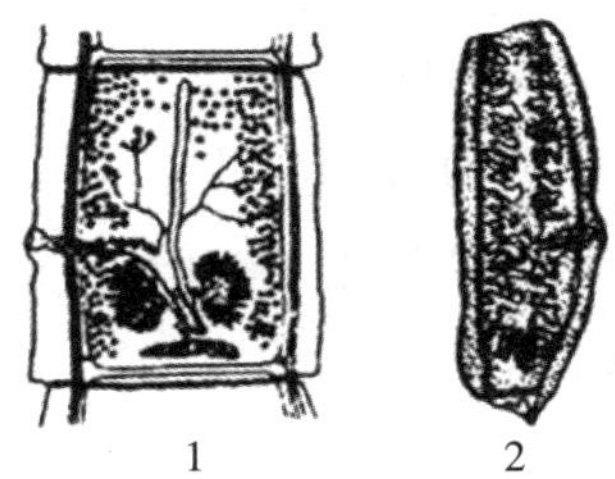

图3.10　多头绦虫
(引自孔繁瑶,2010)
1.成节　2.孕节

【文献拓展】

1.俞宏斌,唐维荣,黄永燕,等.四川省丹巴县带绦虫病及猪囊虫病现患调查[J].寄生虫病与感染性疾病,2015,13(2):80-82.

2.赵全邦,沈艳丽,胡广卫,等.青海牦牛、藏羊棘球蚴包囊可育囊调查分析[J].今日畜牧兽医,2018,34(7):3-4.

3.孟锐.河南省新蔡县屠宰羊群棘球蚴感染情况调查[J].中国动物检疫,2018,35(7):22-23.

实验7 畜禽绦虫的形态学观察

【实验目的】

1.掌握莫尼茨绦虫、赖利绦虫、节片戴文绦虫、矛形剑带绦虫、犬复孔绦虫、阔节裂头绦虫、孟氏迭宫绦虫、马裸头绦虫的形态结构特点。

2.通过肉眼、放大镜或显微镜观察识别这几种绦虫的种类，了解其寄生部位及中间宿主的种类，准确诊断这几种绦虫引起的绦虫病。

【实验材料】

1.实验标本

(1)封片标本。

莫尼茨绦虫、赖利绦虫、节片戴文绦虫、矛形剑带绦虫、犬复孔绦虫等虫体或其头节及孕节的封片标本。

(2)浸渍标本。

莫尼茨绦虫、赖利绦虫、节片戴文绦虫、矛形剑带绦虫、犬复孔绦虫等虫体的浸渍标本。

(3)虫卵标本。

莫尼茨绦虫、赖利绦虫等绦虫虫卵封片标本或保存虫卵悬液。

2.实验器材

光学显微镜、放大镜、挂图、载玻片、盖玻片、投影仪等设备。

【实验方法】

1.玻片标本的观察

在显微镜下，仔细观察莫尼茨绦虫、赖利绦虫、节片戴文绦虫、矛形剑带绦虫、犬复孔绦虫等虫体或其头节及孕节的染色玻片标本。

2. 浸渍标本的观察

取莫尼茨绦虫、赖利绦虫、节片戴文绦虫、矛形剑带绦虫、犬复孔绦虫等的浸渍标本，可将虫体取出放在培养皿中，在放大镜或体视显微镜下详细观察虫体形态、大小、颜色等特征。观察绦虫虫卵标本时，应取洁净的载玻片，在其中央滴加一小滴混匀的虫卵保存液，盖上盖玻片，置于显微镜下观察不同绦虫虫卵的大小和结构特征。

【注意事项】

1. 在显微镜下观察绦虫的头节、成节和孕节的染色玻片标本时，一定要对照挂图虫体图谱或课本相关描述进行观察，准确掌握绦虫头节、成节和孕节的形态结构特征。

2. 从标本瓶内取出绦虫的浸渍标本时，一定要轻取轻放，以防节片脱落。注意观察标本瓶上的标签信息，与虫体结构特征联系起来。

【思考题】

1. 简述圆叶目和假叶目绦虫的形态结构特征。
2. 简述莫尼茨绦虫、赖利绦虫的病原形态。
3. 用铅笔绘出孟氏迭宫绦虫的孕节形态图，并标明其主要内部结构。

【参考阅读】

1. 莫尼茨绦虫的特征

莫尼茨绦虫为大型绦虫，虫体可长达6 m，头节上有4个吸盘。生殖孔在体节侧缘，无子宫孔，无顶突和小钩。寄生于牛羊等反刍动物的小肠。

(1)扩展莫尼茨绦虫(*Moniezia expansa*)。

扩展莫尼茨绦虫体长1～6 m，宽12～16 mm，呈乳白色。头节细小呈球形，有4个吸盘，无顶突和小钩。成节每个节片含2套生殖器官，两侧对称分布，生殖孔开口于节片两侧。每套雌性生殖器官各有1个卵巢和1个卵黄腺。卵巢与卵黄腺围绕着卵模构成圆环形。雄性生殖器官有睾丸300～400个，散布于整个节片之中，向两侧较密集。节间腺位于节片后缘，为一列小圆囊状物(图3.11)。虫卵近三角形或近圆形，直径为50～60 μm，卵内有一个含有六钩蚴的梨形器(图3.12)。

(2)贝氏莫尼茨绦虫(*M. benedeni*)。

贝氏莫尼茨绦虫体长可达6 m，最宽26 mm。生殖孔开口于节片两侧缘的前1/3处。睾丸340～500个。节间腺位于节片后缘，呈横带状小点分布，仅为扩展莫尼茨绦虫节间腺分布的1/3长(图3.11)。虫卵为四角形,虫卵内有特殊的梨形器。

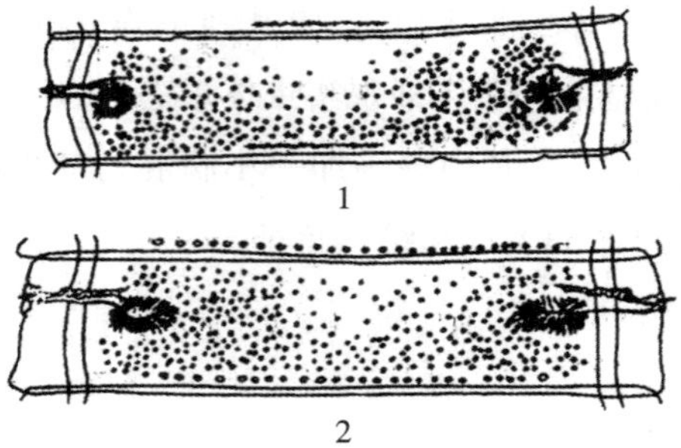

图3.11 莫尼茨绦虫成节(引自孔繁瑶,2010)

1.贝氏莫尼茨绦虫 2.扩展莫尼茨绦虫

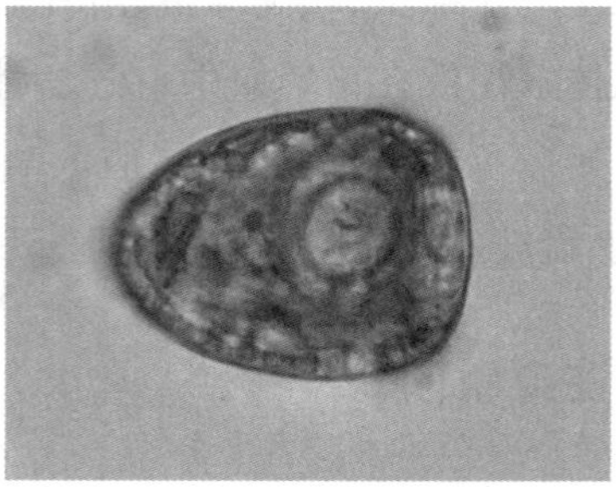

图3.12 莫尼茨绦虫虫卵

(西南大学周作勇提供)

2.赖利绦虫的特征

中小型绦虫,长度为4～25 cm,主要寄生于鸡、火鸡、鸽和孔雀等动物的小肠。

(1)四角赖利绦虫(*Raillietina tetragona*)。

虫体长达25 cm,是鸡最大的绦虫。头节较小,顶突上有1～3行小钩。吸盘卵圆形,上有小钩(图3.13)。成节的生殖孔位于一侧,孕节中每个卵囊内含卵6～12个,虫卵直径为25～50 μm。

(2)棘沟赖利绦虫(*R. echinobothrida*)。

虫体大小和形状颇似四角赖利绦虫,但其顶突上有2行小钩。吸盘呈圆形,上有小钩(图3.13)。生殖孔位于节片一侧的边缘上,孕节内的子宫最后形成90～150个卵囊,每一卵囊含虫卵6～12个,虫卵直径为25～40 μm。

(3)有轮赖利绦虫(*R. cesticillus*)。

虫体较小,一般不超过4 cm。头节大,顶突宽而厚,形似轮状,突出于前端,上有两行小钩,吸盘上无小钩(图3.13)。生殖孔在体侧缘上不规则交替排列,孕节中含有许多卵囊,每个卵囊内仅有1个虫卵,虫卵直径为75～88 μm。

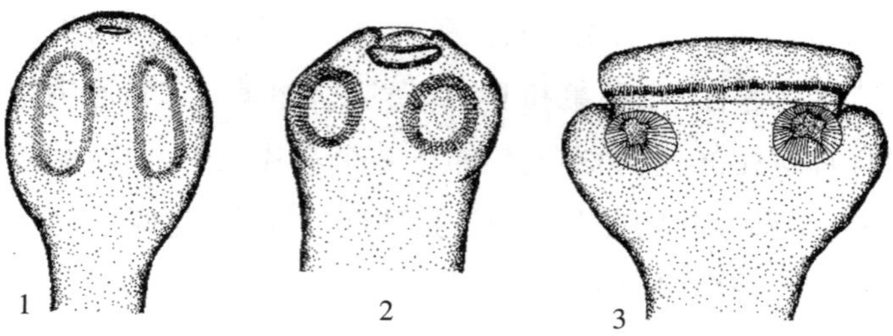

图3.13 赖利绦虫头节(引自孔繁瑶,2010)

1.四角赖利绦虫 2.棘沟赖利绦虫 3.有轮赖利绦虫

3.节片戴文绦虫(*Davainea proglottina*)

成虫寄生于鸡、鸽、鹌鹑的十二指肠内。虫体短小,长0.5~3.0 mm,由4~9个节片组成(图3.14)。头节小,顶突和吸盘上均有小钩,但易脱落。生殖孔规则地交替开口于每个体节的侧缘前部。雄茎囊长,可达体宽的一半以上。睾丸12~15个,排成两列,位于体节后部。孕节子宫分裂为许多卵囊,每个卵囊只含1个六钩蚴的虫卵。

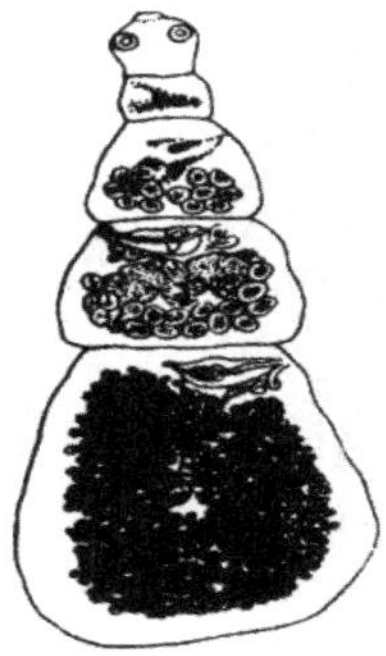

图3.14　节片戴文绦虫(引自孔繁瑶,2010)

4.矛形剑带绦虫(*Drepanidotaenia lanceolata*)

成虫寄生于鹅、鸭的小肠内。虫体呈乳白色,前窄后宽,形似矛头,长达13 cm,由20~40个节片组成。头节小,上有4个吸盘,顶突上有小钩。睾丸3个,呈椭圆形,横列于卵巢内方生殖孔的一侧,生殖孔位于节片上角的侧缘。

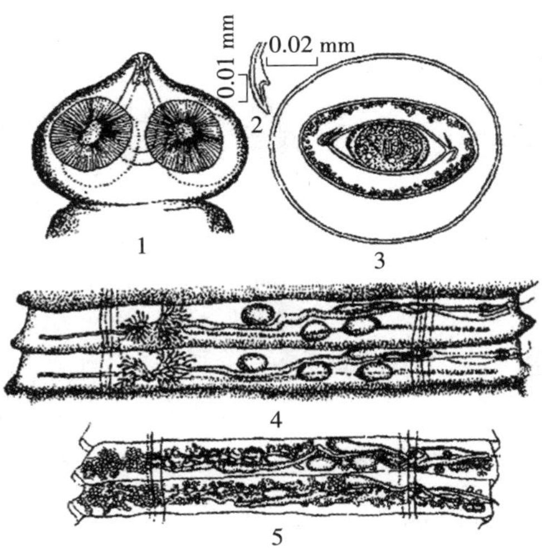

图3.15　矛形剑带绦虫(引自孔繁瑶,2010)
1.头节　2.小沟　3.虫卵　4.成节　5.孕节

5.犬复孔绦虫(*Dipylidium caninum*)

成虫寄生于犬、猫的小肠。成虫为中型虫体,长10~15 cm,最长可达50 cm,宽2~3 mm。

头节小，近似菱形，具有4个吸盘和1个可伸缩的顶突。成节具有雌雄生殖器官各2套。卵巢2个，位于两侧生殖腔后内侧，靠近排泄管(图3.16)。孕节子宫呈网状，内含若干个储卵囊，每个储卵囊含虫卵2～40个。虫卵圆球形，直径为35～50 μm，具两层薄的卵壳，内含1个六钩蚴。

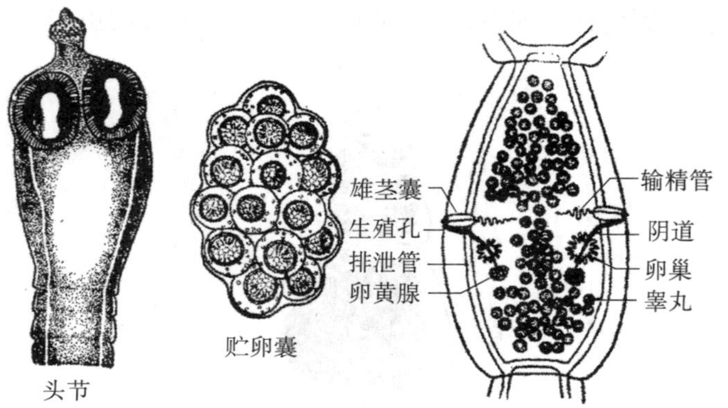

图3.16　犬复孔绦虫(引自李国清，1999)

6. 阔节裂头绦虫(*Diphyllobothrium latum*)

成虫长2～12 m，头节上有2个吸槽，成节和孕节均呈四方形。睾丸750～800个，与卵黄腺一起散于体两侧。卵巢分两叶，位于体中央后部。子宫呈玫瑰花状，在体中央的腹面开孔，其后为生殖孔(图3.17)。虫卵呈卵圆形，两端钝圆，淡褐色，具卵盖，大小为(67～71) μm×(40～51) μm。

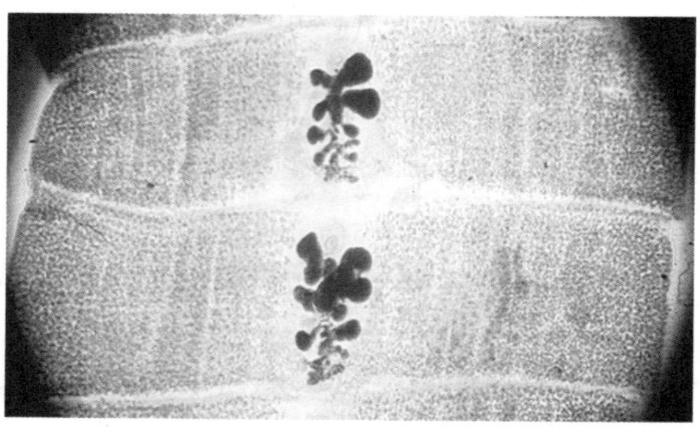

图3.17　阔节裂头绦虫成节(引自Eun-Bin Lee，2007)

7. 孟氏迭宫绦虫(*Spirometra mansoni*)

孟氏迭宫绦虫大多长为40～60 cm，最长可达1 m。头节指状，背腹各有现行的吸槽，体节宽度大于长度。子宫有3～5次或更多的盘旋，子宫孔开口于阴门下方(图3.18)。虫卵大小为(52～76) μm×(31～44) μm，淡黄色，椭圆形，两端稍尖，有卵盖。孟氏裂头蚴呈乳白色，长0.3～105 cm，扁平不分节，前端有横纹。

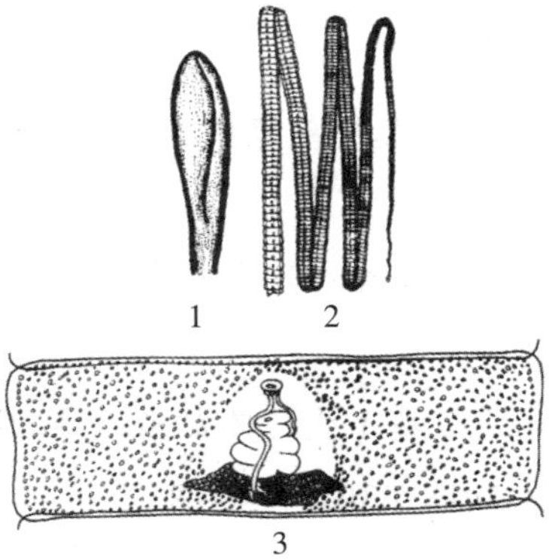

图3.18　孟氏迭宫绦虫(引自孔繁瑶,2010)

1.头节　2.链体　3.孕节

8.裸头绦虫

裸头绦虫为小型虫体,头节上有吸盘,无顶突和小钩。寄生于马属动物的肠道。

(1)叶状裸头绦虫(*Anoplocephala perfoliata*)。

虫体呈乳白色,大小为(2.5~5.2) cm×(0.8~1.4) cm,头节小,上有4个吸盘,每个吸盘后方各有一个特征性的耳垂状附属物(图3.19)。体节短而宽,成节有一套生殖器官,卵巢较宽大,充满整个节片,睾丸约200个,生殖孔开口于体节侧缘。虫卵直径为65~80 μm,内含梨形器,内有六钩蚴。

(2)大裸头绦虫(*A. magna*)。

大裸头绦虫大小为8.0 cm×2.5 cm,头节大,上有4个吸盘,颈节极短或无(图3.20)。成节有一套生殖器官,睾丸在体中部。孕节子宫内充满虫卵,直径为50~60 μm,卵内有梨形器,内含六钩蚴。

(3)侏儒副裸头绦虫(*Paranoplocephala mamillana*)。

虫体短小,大小为(1.0~5.0) cm×(0.4~0.6) cm,头节小,吸盘呈裂隙样,无耳垂状附属物,虫卵大小为51 μm×37 μm。

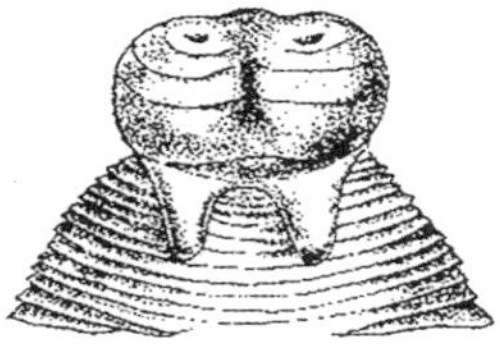

图3.19　叶状裸头绦虫头节
(引自孔繁瑶,　2010)

图3.20　大裸头绦虫头节
(引自孔繁瑶,2010)

【文献拓展】

1. 王开胜，刘继荣，薄新文. 贝氏莫尼茨绦虫与扩展莫尼茨绦虫的形态学比较[J]. 新疆农业科学，2010，47(3)：612-618.

2. 王涛，徐敏，王光雷，等. 新疆乌鲁木齐市犬绦虫感染状况调查[J]. 中国动物检疫，2017，34(5)：16-19.

3. 张彩虹，殷慧敏，杨丽侨，等. 基于线粒体 *COX* Ⅰ基因犬复孔绦虫的分子鉴定及功能分析[J]. 疾病预防控制通报，2018，33(4)：14-18.

第四章　畜禽线虫病病原形态学诊断

动物线虫的分布十分广泛，几乎遍布所有畜禽存在的地区，几乎各种动物的脏器和组织中都有线虫的寄生，而且多表现为混合感染。畜禽寄生线虫不仅给畜牧业造成严重的经济损失，而且有些还可以感染人，例如旋毛虫感染后会严重影响人类的健康。

实验8　畜禽蛔虫的形态学观察

【实验目的】

1.掌握猪蛔虫、牛弓首蛔虫、马副蛔虫、犬/猫/狮弓首蛔虫、鸡蛔虫的基本形态和结构。

2.通过肉眼、放大镜或显微镜观察识别这几种蛔虫，了解其寄生部位及中间宿主的种类，并能准确诊断这几种蛔虫引起的线虫病。

【实验材料】

1.实验标本

(1)封片标本。

猪蛔虫、牛弓首蛔虫、马副蛔虫、犬/猫/狮弓首蛔虫、鸡蛔虫等虫体的玻片标本。

(2)浸渍标本。

猪蛔虫、牛弓首蛔虫、马副蛔虫、犬/猫/狮弓首蛔虫、鸡蛔虫等虫体的浸渍标本。

(3)虫卵标本。

猪蛔虫卵、牛弓首蛔虫卵、鸡蛔虫卵和犬弓首蛔虫卵的保存虫卵悬液。

2. 实验器材

光学显微镜、放大镜、挂图、载玻片、盖玻片、投影仪等设备。

【实验方法】

分别挑取鸡蛔虫的雌雄虫各一条，分别放在载玻片上，滴加乳酸酚透明液2～3滴，在光学显微镜下观察透明虫体的详细构造。

在光学显微镜下或放大镜下观察封片标本的形态构造。对于虫体较小的蛔虫染色封片标本应采用低倍(物镜4倍)显微镜进行观察，而较大的虫体染色封片标本应用放大镜观察。观察时应注意其形态特征及大小，比较各种蛔虫的独特特征，重点观察其局部构造特征。

观察蛔虫虫卵标本时，应取洁净的载玻片，在其中央滴加一小滴混匀的虫卵保存液，盖上盖玻片，置于显微镜下观察不同蛔虫虫卵的大小和结构特征。

【注意事项】

1. 乳酸酚透明液具有一定的腐蚀性，因此不宜滴加太多，以防溢出载玻片之外而腐蚀光学显微镜的载物台。

2. 虫体滴加乳酸酚透明液后，应尽快放到光学显微镜下进行观察，若虫体透明过度，则不利于虫体内部形态结构的观察。

【思考题】

1. 列表比较猪蛔虫、牛弓首蛔虫、犬弓首蛔虫、猫弓首蛔虫、狮弓首蛔虫及鸡蛔虫虫体的主要形态构造的区别以及各虫种发育过程的异同点。

2. 列表比较猪蛔虫卵、牛弓首蛔虫卵、犬弓首蛔虫卵、猫弓首蛔虫卵、狮弓首蛔虫卵及鸡蛔虫卵的主要区别。

【参考阅读】

1. 猪蛔虫(*Ascaris suum*)

猪蛔虫成虫雌雄异体，雄虫体长15～20 cm；雌虫较雄虫长，长20～40 cm。虫体两端稍细而中间略粗，结构近似圆柱形。口孔位于头端，周边围绕着3个唇片，其中1个稍大的位于背侧为背唇，2个位于腹侧较小的为腹唇，总体呈“品”字形排列(图4.1)。雌虫的生殖孔位于体前1/3与体中1/3交界处附近的腹面中线上，肛门距虫体末端较近。雄虫尾端向腹面呈钩状弯曲，形似鱼钩，泄殖腔开口距尾端较近，有2根等长的交合刺，长2.0～2.5 mm，肛前和肛后有许多小乳突。生殖方式为卵生，受精虫卵呈短椭圆形，大小为(45～75) μm×(35～50) μm，卵壳厚，表面粗糙，多呈棕黄色(图4.2)。

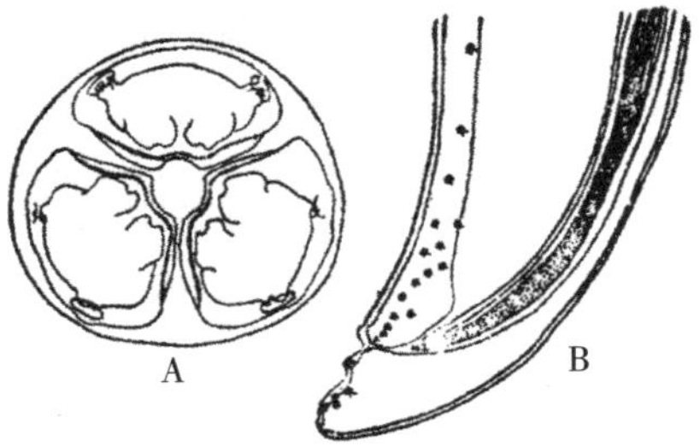

图4.1　猪蛔虫(引自李国清,2015)

A.头端顶面观　B.雄虫尾部侧面

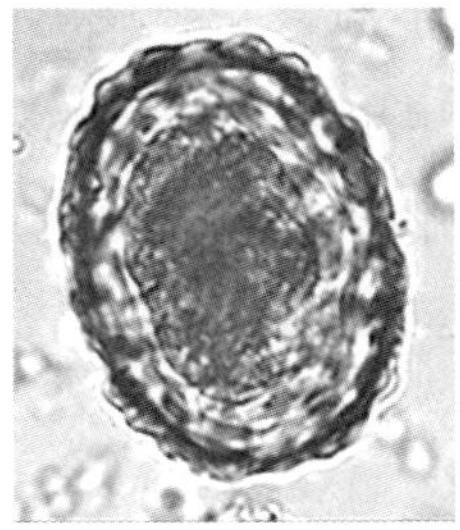

图4.2　猪蛔虫卵(受精卵)

2.牛弓首蛔虫(*Toxocara vitulorum*)

虫体新鲜时呈粉红色，外观呈圆柱形，为牛体内最大的肠道寄生虫。虫体表面透明，头端有3片唇(图4.3)，食道呈圆柱形，后端有一个小胃与肠管相连。雄虫长11～26 cm，交合刺2根，尾部有一小锥突，弯向腹面。雌虫长14～30 cm，尾直，生殖孔开口于虫体前部1/8～1/6处。虫卵大小为(70～80) μm×(60～66) μm，近球形，淡黄色，卵壳厚，表面呈蜂窝状。

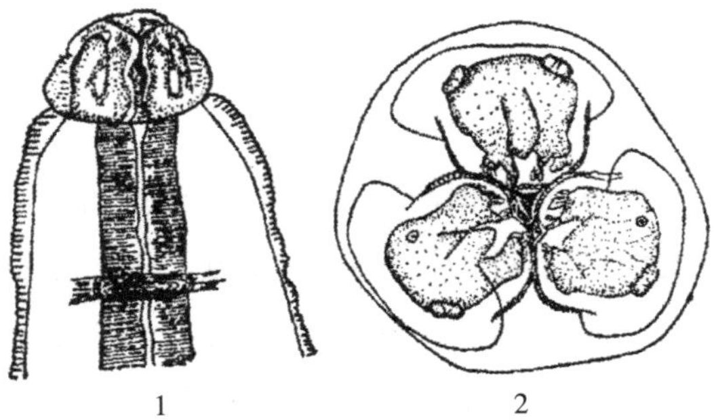

图4.3　牛弓首蛔虫(引自李国清,2015)

1.头端侧面　2.头端顶面

3.马副蛔虫(*Parascaris equorum*)

马副蛔虫是家畜蛔虫中最大的一种，黄白色，虫体圆柱形，两端较细。口周围有唇瓣3个，背唇较大，2个腹侧唇较小，有显著的横沟位于唇瓣和虫体之间。每个唇瓣又由一内侧横沟区分为前后两部。唇之间有间唇，唇瓣内缘具有明显小齿。雄虫长15～28 cm，尾端略向腹面卷曲，有很窄的侧翼在尖端相接；交合刺1对，等长；肛前乳突较多，80～100对，肛后乳突较少，约7对。雌虫18 ~ 37 cm，阴门开口在体前端1/4的位置。虫卵呈圆形，直径为90 ~ 100 μm，卵壳表面有凹凸不平的蛋白质膜。

4. 弓首蛔虫

(1)犬弓首蛔虫(*Toxocara canis*)。

犬的一种大型蛔虫，呈白色。头部有3片唇，虫体前端两侧有向后延伸的颈翼膜。食道和肠道由小胃相连。雄虫长5 ~ 11 cm，尾端弯曲，有一小锥突，有尾翼。雌虫长9 ~ 18 cm，尾端直，阴门开口于虫体前半部。虫卵呈黑褐色，亚球形(图4.4)，卵壳厚，呈凹痕，大小为(68 ~ 85) μm ×(64 ~ 72) μm。

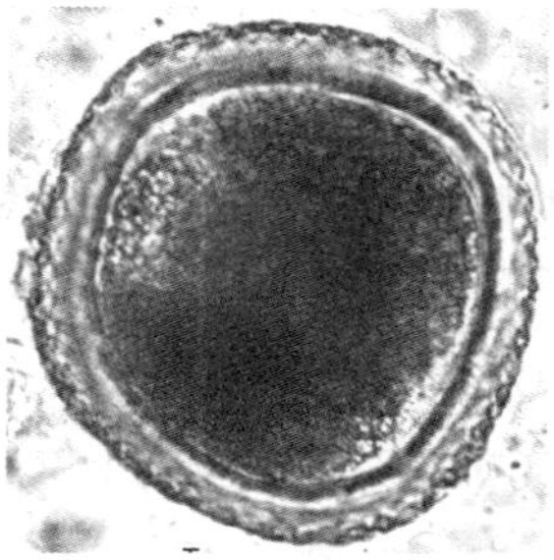

图4.4　犬弓首蛔虫虫卵

(2)猫弓首蛔虫(*T. cati*)。

外形与犬弓首蛔虫近似，颈翼呈箭头状(图4.5)，前宽后窄，后缘和体躯几乎呈直角。雄虫长3 ~ 6 cm，尾部有一小的指状突起，雌虫长4 ~ 10 cm。虫卵无色，似球形，具有厚而凹凸不平的卵壳，大小为70 μm × 65 μm。

(3)狮弓首蛔虫(*T. leonina*)。

常与猫弓首蛔虫混合感染，可根据两者的颈翼在形态上的不同而加以区别。狮弓首蛔虫的颈翼向体躯逐渐变细，呈柳叶刀形(图4.5)。雄虫长3 ~ 7 cm，尾部没有指状突起，雌虫长3 ~ 10 cm。虫卵偏卵圆形，卵壳光滑，大小为(74 ~ 86) μm×(49 ~ 61) μm。

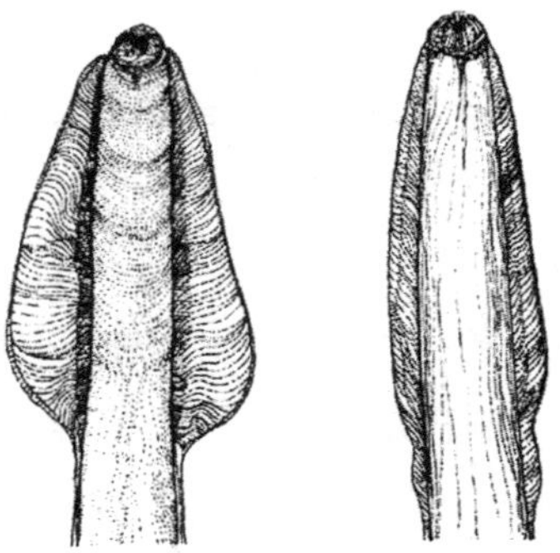

图4.5　猫弓首蛔虫(左)和狮弓首蛔虫(右)颈翼比较(引自Urquhart，1996)

5.鸡蛔虫(*Ascaridia galli*)

鸡蛔虫是鸡体内最大的一种线虫，呈黄白色，圆筒形。体表角质层有横纹，口孔位于体前端，其周围有一片背唇和两侧腹唇。口孔下接食道，在食道前方1/4处，有神经环，排泄孔位于神经环后的体腹侧。雄虫体长2.6～7.0 cm，尾端有尾翼和10对性乳突，6对有柄，4对无柄；有1个泄殖孔前吸盘，椭圆形，吸盘上有明显的角质环，交合刺1对，近等长(图4.6)。雌虫长6.5～1.1 cm，阴门开口于虫体中部，肛门位于虫体的亚末端。虫卵呈椭圆形，壳厚而光滑，深灰色(图4.7)，大小为(70～90) μm×(47～51) μm，新排出的虫卵内含单个胚细胞。

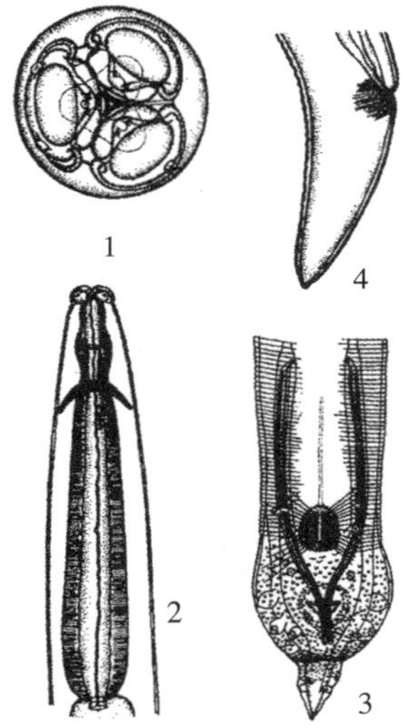

图4.6　鸡蛔虫(引自李国清，1999)

1.头端顶面　2.虫体头端　3.雄虫尾部　4.雌虫尾部

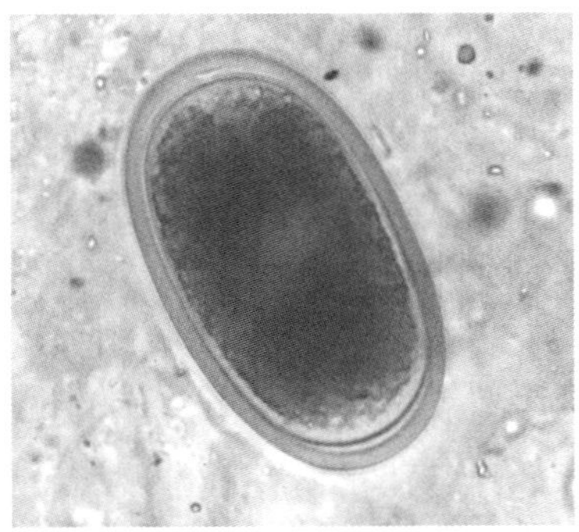

图4.7　鸡蛔虫卵(40倍)

【文献拓展】

1.道尔加拉，苏布赛，张梦圆，等.马副蛔虫卵的鉴定及玻片标本的制作[J].当代畜牧，2018(9):44-45.

2.繁萍，拉毛错，杨劼人，等.犬弓首蛔虫卵与狮弓蛔虫卵外壳显微形态比较[J].畜牧与兽医，2017，49(3):89-91.

3.张艺琳，张森棹，古小彬，等.犬弓首蛔虫卵体外发育的形态观察[J].中国寄生虫学与寄生虫病杂志，2019，37(4): 486-489.

实验9 家畜消化道和呼吸道线虫的形态学观察

【实验目的】

1. 掌握捻转血矛线虫、仰口线虫、食道口线虫、圆线虫、网尾线虫、后圆线虫的基本形态和结构。

2. 通过肉眼、放大镜或显微镜观察识别这几种线虫，了解其寄生部位及中间宿主的种类，能准确诊断这几种线虫引起的线虫病。

【实验材料】

1. 实验标本

(1)浸渍标本。

捻转血矛线虫、牛仰口线虫、羊仰口线虫、哥伦比亚食道口线虫、辐射食道口线虫、微管食道口线虫、粗纹食道口线虫、甘肃食道口线虫、马圆线虫、无齿圆线虫、普通圆线虫、丝状网尾线虫、胎生网尾线虫、野猪/萨氏/复阴后圆线虫等虫体的浸渍标本。

(2)虫卵标本。

捻转血矛线虫、羊仰口线虫、食道口线虫和马圆线虫等线虫虫卵玻片标本或保存虫卵悬液。

2. 实验器材

光学显微镜、放大镜、挂图、载玻片、盖玻片、投影仪等设备。

【实验方法】

1. 浸渍标本的观察

从不同侧面或者转动标本缸，肉眼观察上述虫体的大体形态，主要观察虫体的大小、粗细、头尾是否有明显的特征性结构(如颈翼膜、交合伞等)。

2. 玻片标本的观察

将玻片标本置于载物台上，先低倍、后高倍进行虫体和虫卵的整体及局部形态结构观察。观察线虫成虫的咽部和食道形状、雄虫的交合伞和交合刺及附属器官，雌虫的子宫、阴门位置。观察线虫虫卵大小、形状和虫卵内部结构特征。

3. 虫卵的观察

在载玻片中央滴加一滴混匀的虫卵保存液，盖上盖玻片，置于显微镜下观察仰口线虫、食道口线虫和捻转血矛线虫等线虫虫卵的大小和结构特征。

【注意事项】

1. 由于线虫虫体和虫卵较大，用显微镜观察时，多使用低倍物镜（4倍或10倍），重点观察虫体局部构造特征。

2. 观察大体浸渍标本时，要轻拿轻放，爱护实验标本。注意观察标本瓶上的标签信息，与虫体结构特征联系起来。

【思考题】

1. 描述牛、羊仰口线虫的一般形态结构特征。

2. 用铅笔绘出捻转血矛线虫的虫体形态图，并标明主要内部结构。

【参考阅读】

1. 捻转血矛线虫（*Haemonchus Contortus*）

寄生于牛、羊等反刍兽的真胃，偶见于小肠。新鲜虫体呈现淡红色，雄虫长15～19 mm，尾端具有交合伞呈缝针形，交合伞侧叶发达，背叶不对称，位于左侧。前后腹肋起于共同主干，弯向腹面，直达伞缘。三个侧肋也起于共同主干，前侧肋长而直，中、后侧肋向背面弯曲，外背肋细长，背肋呈倒“Y”字形，位于左侧（图4.8）。两根交合刺等长，其末端各有1个倒钩，引器呈梭形。雌虫因白色的子宫缠绕红色的肠管，使其外观呈现红、白相间的捻转状，固定后呈现淡黄色。虫体头端有一小口囊，内有一个小的矛状齿，食道前1/4处有1对明显的刺状颈乳突，伸向后面。雌虫长27～30 mm，生殖孔位于虫体的后半部，有呈舌状或球形的阴门盖，阴门开口于其基部。虫卵大小为（75～95）μm×（40～50）μm。

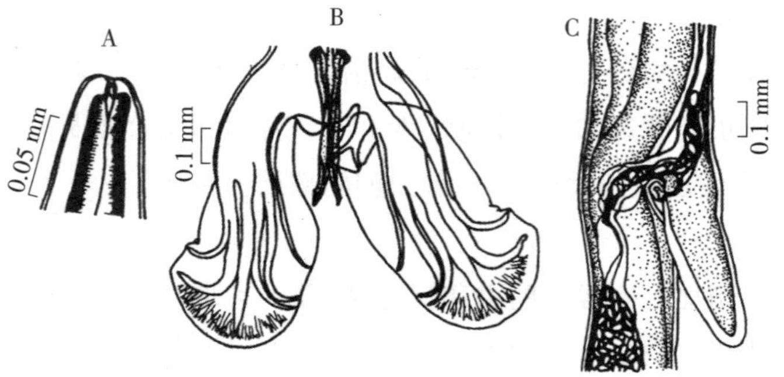

图4.8　捻转血矛线虫(引自孔繁瑶,2010)

A.头端　B.雄虫交合伞　C.雌虫阴门盖

2.仰口线虫的特征

仰口线虫也称钩虫,寄生于牛羊的小肠。本属线虫的特点是头部向背侧弯曲(仰口)。口囊大呈漏斗状,口孔腹缘有1对半月形切板,口囊内有背齿1个,亚腹齿若干,随种类不同而异。雄虫交合伞的外背肋不对称。雌虫的阴门位于虫体的中部之前。

(1)羊仰口线虫(*Bunostomum trigonocephalum*)。

主要寄生于羊的小肠。虫体乳白色或淡红色。口囊底部背侧有1个大背齿,背沟由此穿出,底部腹侧有1对小的亚腹侧齿。雄虫长12.5 ~ 17.0 mm,交合伞发达,外背肋不对称,右外背肋细长,由背肋的基部伸出,左外背肋短,由背肋的中部伸出,交合刺等长,扭曲,褐色(图4.9)。无引器。雌虫长15.5 ~ 21.0 mm,尾端钝圆。阴门位于虫体中部前不远处。虫卵具有一定特征性:色深,大小为(79 ~ 97) μm × (47 ~ 50) μm,两端钝圆,两侧平直,内有8 ~ 16个胚细胞。

(2)牛仰口线虫(*B. phlebotomum*)

主要寄生于牛的小肠(主要是十二指肠)。形态和羊仰口线虫相似,但口囊底部腹侧有2对亚腹侧齿(图4.10)。雄虫的交合刺长3.5 ~ 4.0 mm,为羊仰口线虫的5 ~ 6倍。雄虫长10 ~ 18 mm,雌虫长24 ~ 28 mm。卵的大小为106 μm×46 μm,两端钝圆,胚细胞呈暗黑色。

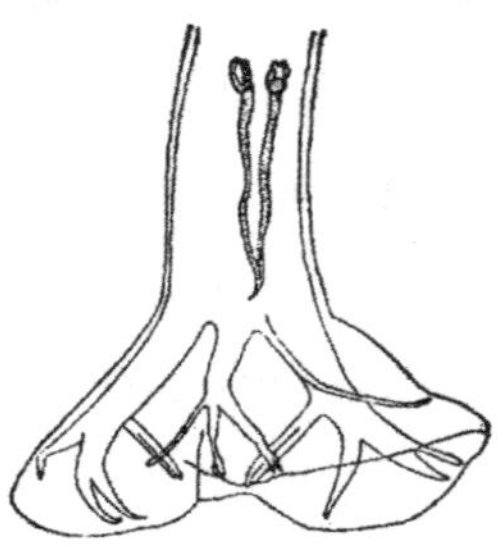

图4.9　羊仰口线虫雄虫尾部交合伞(引自李国清,1999)

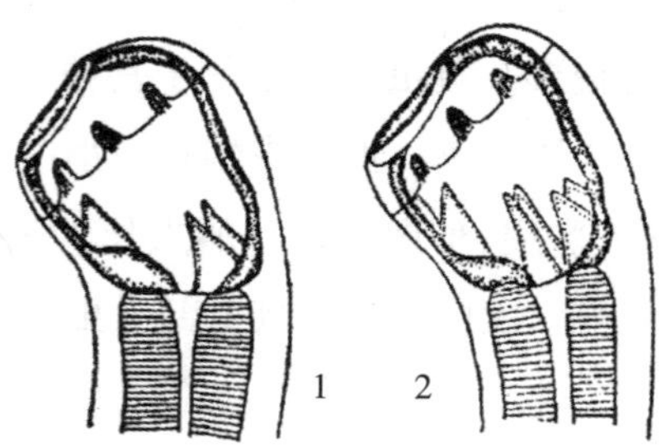

图4.10　牛、羊仰口线虫(引自李国清,1999)

1.羊仰口线虫头部　2.牛仰口线虫头部

3.食道口线虫的特征

寄生于反刍家畜大肠内。由于某些种类的食道口线虫幼虫可在寄生部位的肠壁上形成结节，故又称为结节虫。食道口属线虫的特征是口囊呈小而浅的圆筒形，其外周为一显著的口领，口孔周围有1～2圈叶冠；颈沟位于腹面，颈乳突位于食道部或稍后的虫体两侧，有或无头泡及侧翼膜。雄虫交合伞较发达，有1对等长的交合刺。雌虫阴门位于肛门前方不远处，排卵器发达，呈肾形。寄生于牛、羊的食道口线虫有以下5种。

（1）哥伦比亚食道口线虫（*Oesophagostomum columbianum*）。

有发达的侧翼膜（图4.11），致使身体前部弯曲；头泡不甚膨大，颈乳突在颈沟的稍后方，其尖端突出于侧翼膜之外；雄虫长12.0～13.5 mm，交合伞发达；雌虫长16.7～18.6 mm，阴道短，横行引入肾形的排卵器，尾部长。虫卵呈椭圆形，大小为(73～89) μm×(34～45) μm。

（2）微管食道口线虫（*O. venulosum*）。

无侧翼膜，前部直；口囊较宽而浅（图4.11）；颈乳突位于食道后面。雄虫长12～14 mm，雌虫长16～20 mm。

（3）粗纹食道口线虫（*O. asperum*）。

无侧翼膜；口囊较深，头泡显著膨大（图4.11）；颈乳突位于食道后方。雄虫长13～15 mm，雌虫长17.3～20.3 mm。

（4）辐射食道口线虫（*O. radiatum*）。

侧翼膜发达；前部弯曲；缺外叶冠，内叶冠也只是口囊前缘的一小圈细小的突起，为38～40叶；头泡膨大，上有一横沟，将头泡区分为前后两部分（图4.11）；颈乳突位于颈沟的后方。雄虫长13.9～15.2 mm，雌虫长14.7～18.0 mm。

（5）甘肃食道口线虫（*O. kansuensis*）。

有发达的侧翼膜，前部弯曲；头泡膨大（图4.11）；颈乳突位于食道末端或前或后的侧翼膜内，尖端稍突出于膜外；雄虫长14.5～16.5 mm，雌虫长18.0～22.0 mm。

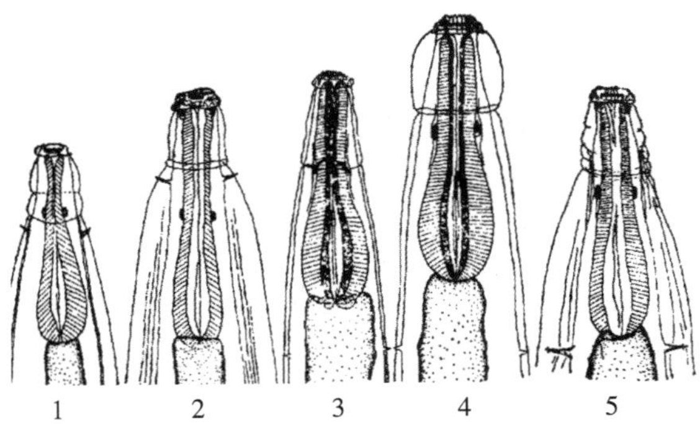

图4.11　牛羊食道口线虫头端（引自李国清，1999）

1.辐射食道口线虫　2.哥伦比亚食道口线虫　3.微管食道口线虫
4.粗纹食道口线虫　5.甘肃食道口线虫

4.马圆线虫的特征

寄生于马属动物的大肠。马圆线虫的虫体较大，口孔开向前端，口缘发出两圈小针叶状的叶冠。口囊亚球形，底部有齿或无齿。口孔周围有4个亚中央乳突及2个侧乳突。雄虫交合伞分三叶，伞前乳突细短。腹肋和侧腹肋相连，3个侧腹肋彼此分开。外背肋从背肋上分出，左右两个背肋末端各分2支。生殖孔呈锥状。2条交合刺等长，具有导刺带，雌虫位于体后端1/3处。

(1)马圆线虫(*Strongylus equinus*)。

雄虫长25～35 mm，雌虫长38～47 mm。口囊基部有一大型尖端分叉的大背齿，腹侧有2个亚腹齿(图4.12)。虫卵椭圆形，卵壳薄，大小为(70～85) μm×(40～47) μm。

(2)无齿圆线虫(*S. edentatus*)。

又名无齿阿尔夫线虫(*Alfortia edentatus*)，呈世界性分布。雄虫长23～28 mm，雌虫长33～44 mm。形状与马圆线虫极相似，但头部稍膨大，口囊前宽后窄，内无齿(图4.12)。虫卵呈椭圆形，大小为(78～88) μm×(48～52) μm。

(3)普通圆线虫(*S. vulgaris*)。

又名普通戴拉风线虫(*Delafondia vulgaris*)，呈世界性分布。虫体较小，深灰色或血红色。雄虫长14～16 mm，雌虫长20～24 mm。口囊底部有2个耳状亚背侧齿(图4.12)；外叶冠边缘呈花边状构造。虫卵椭圆形，大小为(83～93) μm×(48～52) μm。

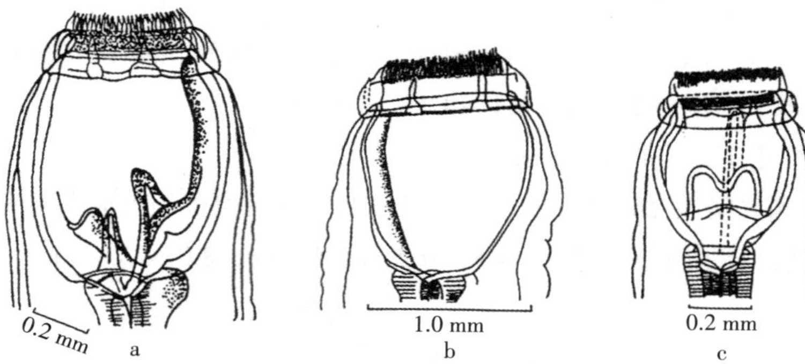

图4.12　马圆线虫(引自汪明,2003)

a.马圆线虫头端侧面　b.无齿圆线虫头端侧面　c.普通圆线虫头端腹面

5.后圆线虫的特征

寄生于猪的支气管和细支气管内。虫体呈乳白色或灰色长丝状，口囊很小，有1对呈三叶状的侧唇。交合伞明显，背叶小，所有的肋均粗短，有的肋有一定程度的融合。交合刺1对，细长，末端有单钩或者双钩。阴门紧靠近肛门，前方覆一角质阴门盖。随粪便排出的虫卵内含有幼虫。

(1)野猪后圆线虫(*Metastrongylus apri*)。

又称长刺后圆线虫(*M. elongatus*)。雄虫长 11 ~ 25 mm,交合伞的前侧肋大,末端膨大;中侧肋和后侧肋融合在一起(图 4.13);背肋极小。交合刺呈丝状,长 4.0 ~ 4.5 mm,末端为单钩,无引器。雌虫长 20 ~ 50 mm,阴道长,超过 2 mm,阴门盖较大(图 4.15)。尾长 90 μm,稍弯向腹面。虫卵大小为(51 ~ 54) μm×(33 ~ 36) μm,内含幼虫。

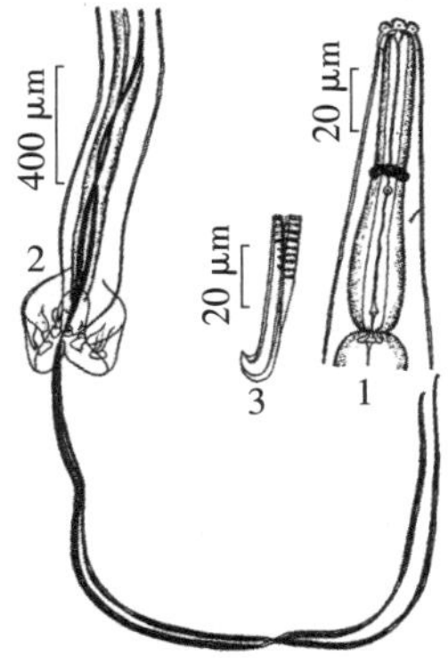

图 4.13　野猪后圆线虫(引自孔繁瑶,2010)

1.前部侧面　2.雄虫尾部　3.交合刺末端

(2)萨氏后圆线虫(*M.salmi*)。

雄虫大小为 17 ~ 18 mm。交合刺长 2.1 ~ 2.4 mm,末端呈单钩状(图 4.14)。雌虫大小为 30 ~ 45 mm,阴道长 1 ~ 2 mm,尾长 95 μm,尾端稍向腹面弯曲(图 4.15)。

(3)复阴后圆线虫(*M. pudendotectus*)。

雄虫长 16 ~ 18 mm。交合刺长 1.4 ~ 1.7 mm,末端为双钩(图 4.14),有引器。雌虫长 22 ~ 35 mm。阴道短于 1 mm,尾直,阴门盖大而呈球状(图 4.15)。虫卵大小为(57 ~ 63) μm×(39 ~ 42) μm。

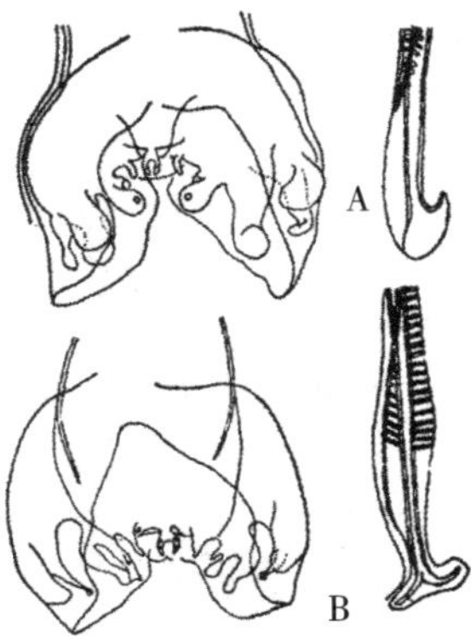

图 4.14　后圆线虫(引自李国清,1999)

A.萨氏后圆线虫交合伞及交合刺远端　B.复阴后圆线虫交合伞及交合刺远端

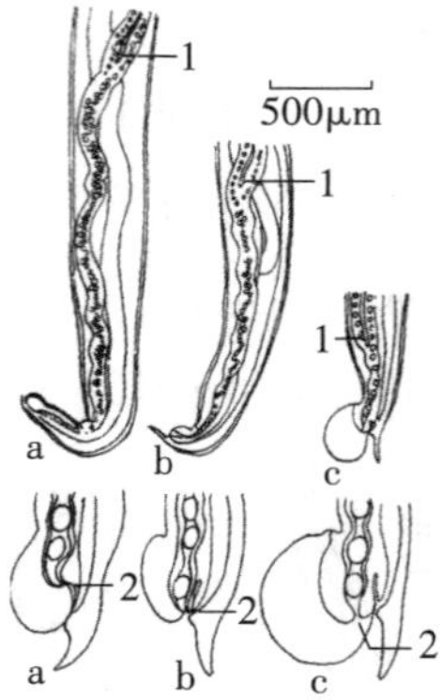

图4.15　三种后圆线虫雌虫尾部(引自汪明,2003)

a.野猪后圆线虫　b.萨氏后圆线虫　c.复阴后圆线虫　1.子宫　2.引道

6.网尾线虫的特征

网尾科的线虫较大,又称大型肺线虫,寄生于反刍兽和马属动物的气管和支气管。网尾属线虫的虫体呈乳白色丝状,较长。头端有4片小唇,口囊小。雄虫交合伞发达,前侧肋独立;中侧肋和后侧肋合二为一,有的仅末端分开;背肋为两个独立的分支,每个末端分为2个或3个指状突起。交合刺两根等长,呈暗褐色,为多孔性结构。引器颜色稍淡,也呈泡孔状构造。雌虫阴门位于体中部。虫卵内含幼虫。

(1)丝状网尾线虫(*Dictyocaulus filaria*)

雄虫长25~80 mm,交合伞的中侧肋和后侧肋合二为一,只在末端稍分开,2个背肋分支末端各有3个小分支;交合刺靴形(图4.16)。雌虫长43~112 mm。虫卵大小为(120~130) μm×(80~90) μm。

(2)胎生网尾线虫(*D. viviparus*)。

雄虫长40~50 mm,交合伞的中侧肋和后侧肋完全融合;交合刺棒状。雌虫长60~80 mm。虫卵呈椭圆形,大小为(82~88) μm×(33~38) μm,卵内含幼虫。

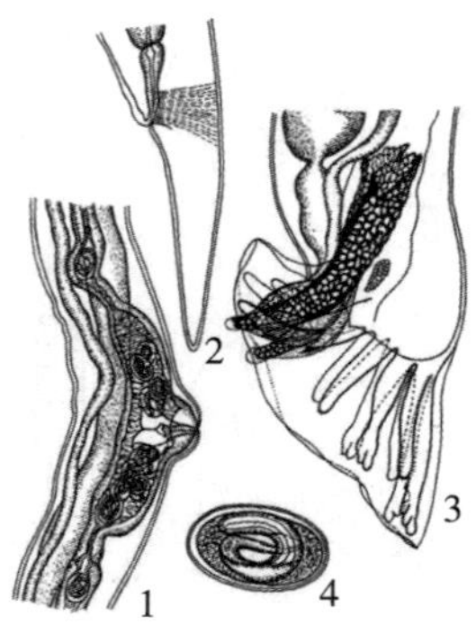

图4.16　丝状网尾线虫(引自卢俊杰、靳家声,2002)

1.雌虫阴门部　2.雌虫尾端　3.雄虫尾端　4.虫卵

【文献拓展】

1. 吴震洋，李丽，安清明，等．基于SSR的羊捻转血矛线虫病的分子鉴定及PCR检测方法的建立[J]. 甘肃畜牧兽医，2020，50(6)：41–43，48.

2. 袁橙，戴丽红，张步彩，等．江苏省规模化猪场蠕虫感染情况调查[J]. 中国畜牧兽医，2020，47(02)：583–589.

3. 陈晖，马玉辉，马晨，等．新疆昭苏县不同季节和不同年龄段伊犁马消化道寄生虫感染情况的调查研究[J]. 畜牧与饲料科学，2019，40(9)：1–5.

实验10

家禽线虫的形态学观察

【实验目的】

1.掌握异刺线虫、锐形线虫、四棱线虫、比翼线虫和鸟蛇线虫的基本形态和结构。

2.通过肉眼、放大镜或显微镜观察识别这几种线虫,了解其寄生部位及中间宿主的种类,并能准确诊断这几种线虫引起的线虫病。

【实验材料】

1. 实验标本

(1)封片标本。

异刺线虫、锐形线虫、四棱线虫、比翼线虫和鸟蛇线虫等虫体的封片标本。

(2)浸渍标本。

异刺线虫、锐形线虫、四棱线虫、比翼线虫和鸟蛇线虫等虫体的浸渍标本。

(3)虫卵标本。

异刺线虫、锐形线虫、四棱线虫、比翼线虫等线虫虫卵的封片标本或保存虫卵悬液。

2.实验器材

光学显微镜、镊子、平皿、载玻片、盖玻片等。

【实验方法】

家禽线虫虫体较小,封片标本应采用低倍(物镜4倍或10倍)显微镜进行观察。观察时应注意其形态特征及大小,比较各种线虫的独特特征,重点观察其局部构造特征。观察线虫虫卵标本时,应取洁净的载玻片,在其中央滴加一小滴混匀的虫卵保存液,盖上盖玻片,置于显微镜下观察不同家禽线虫虫卵的大小和结构特征。

【注意事项】

1. 用显微镜观察家禽线虫时，应重点观察虫体局部构造特征，特别是头部和尾部。

2. 观察家禽线虫浸渍标本时，要轻拿轻放，爱护实验标本。注意观察标本瓶上的标签信息，与虫体结构特征联系起来。

【思考题】

1. 简述锐形线虫和四棱线虫的形态特征。

2. 用铅笔绘出鸡异刺线虫的虫体形态图，并标明主要内部结构。

【参考阅读】

1. 鸡异刺线虫（*Heterakis gallinarum*）

鸡异刺线虫虫体呈细线状，白色或淡黄色，头端略向背面弯曲，有侧翼。头端具有3片唇，1个背唇和2个亚腹侧唇。食道后端具有食道球。雄虫长（4 ~ 13）mm×0.3 mm。尾部末端尖细，泄殖孔前有1个圆形的肛前吸盘（直径为38 ~ 114 μm）。左右交合刺不等长。雄虫尾翼发达，有性乳突2 ~ 13对，其中肛前吸盘周围2 ~ 3对，肛门周围6对，肛后3 ~ 5对（图4.17）。雌虫长（8 ~ 15）mm×0.4 mm，尾部细长，虫体中部略后有阴门，不隆起。虫卵（内含未发育的胚细胞）椭圆形，淡灰色，一端较明亮，大小为（63 ~ 80）μm×（36 ~ 48）μm。

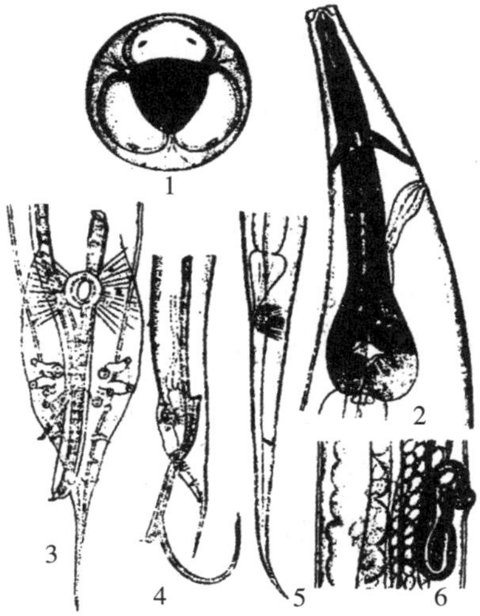

图4.17　鸡异刺线虫（引自李国清，1999）

1. 头端顶面　2. 头端侧面　3. 雄虫尾部腹面　4. 雄虫尾部侧面　5. 雌虫尾部　6. 阴门区

2. 锐形线虫的特征

虫体淡黄色，圆柱形，头端钝，尾部尖。头部有4条饰带，通常不吻合。雄虫交合刺2根，左右不等长。

(1)旋锐形线虫(*Acuaria spiralis*)。

虫体短钝，体表具有细横纹。头部具有4条波浪状弯曲的饰带，由前向后，至食道肌质部的中后部或排泄孔前，折返向前伸，末端彼此不相连接(图4.18)。左右交合刺不等长。雄虫体长为7～8.3 mm，体常卷曲成螺旋状。两交合刺不等长，左交合刺细长，右交合刺短宽呈舟状。雌虫体长9～10.2 mm，尾端尖，阴门位于体后部。虫卵大小为(34～40) μm×(18～25) μm，内含幼虫。

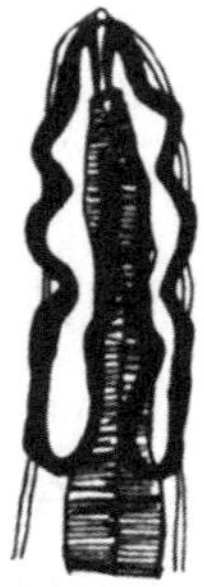

图4.18　旋锐形线虫头端

(引自宁长申，1995)

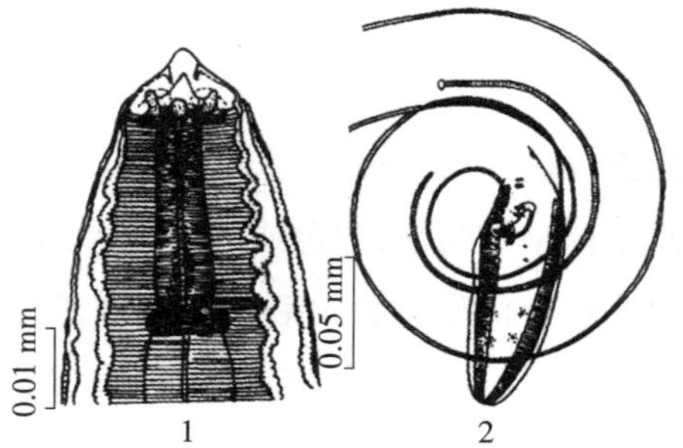

图4.19　钩状锐形线虫

1. 虫体头部　2. 雄虫尾部

(2)钩状锐形线虫(*A. hamulosa*)。

虫体粗壮，头部有4条波浪形的饰带，两两并列，由前向后延伸，不回旋曲折，直至虫体的亚末端(图4.19)。雄虫体长9～14 mm，具有两层尾翼膜。左右交合刺不等长，左交合刺细长，右交合刺短扁如船状。尾乳突有肛前4对，肛后6对。雌虫体长为16～29 mm，阴门位于虫体中部稍后方。虫卵椭圆形，大小为(32～38) μm×(20～26) μm。

3. 美洲四棱线虫(*Tetrameres americana*)

四棱属线虫无饰带。雌雄异形，雌虫近似球形(图4.20)，雄虫纤细。

美洲四棱线虫雄虫长5～5.5 mm，虫体有两列纵向平行的棘，2根交合刺不等长。雌虫大小为(3.5～4.5) mm×3 mm，呈亚球形，有4条纵走的沟。虫体前端和后端自球体部突出，体后端扭曲。虫卵大小为(42～50) μm×24 μm。

图4.20　美洲四棱线虫雌虫(引自孔繁瑶,2010)

4.比翼线虫的特征

虫体头端膨大,呈半球形。口囊宽阔成杯状,其外缘形成1个较厚的角质环,底部有三角形小齿。雌虫较大,阴门位于体前部。雄虫细小,交合伞厚,肋粗短,交合刺短小。雄虫通常以其交合伞附着于雌虫阴门部构成"Y"字形外观,故得名比翼线虫(图4.21)。虫卵两端有厚的卵盖。

(1)气管比翼线虫(*Syngamus trachea*)。

雄虫长为2～4 mm,雌虫长为7～20 mm。口囊底部有齿6～10个。虫卵大小为(78～110) μm×(43～46) μm,内有16个卵细胞。

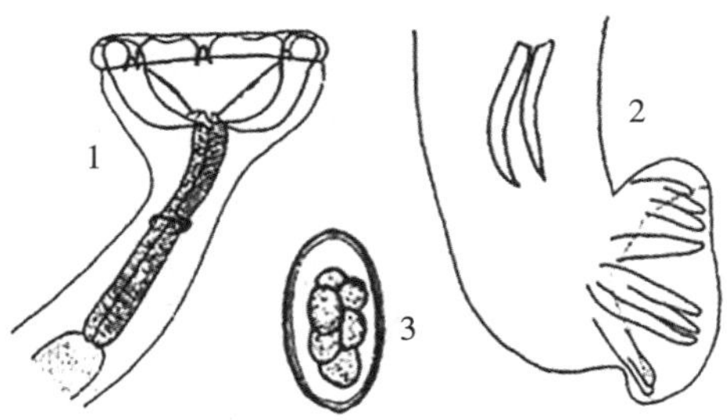

图4.21　气管比翼线虫(引自杨光友,2005)

1.头部侧面　2.交合伞侧面　3.虫卵

(2)斯氏比翼线虫(*S. skrjabinomorpha*)。

雄虫长为2～4 mm,雌虫长为9～26 mm。口囊底部有6个齿。虫卵椭圆形,大小为90 μm×49 μm。

5.鸟蛇线虫的特征

虫体呈细长丝线状,淡黄白色。虫体头端钝圆,口周围有角质环。雄虫尾部弯曲,交合刺1对,不等长。

(1)四川鸟蛇线虫(*Avioserpens sichuanensis*)。

虫体具有14个头乳突,呈两圈同心圆排列,背乳突和腹乳突成对,较大;两侧各有1个单乳突,另有4对亚中乳突。食道分肌质部和腺体部两部分。雄虫短小,长8.71～10.99 mm。

具有1对褐色的交合刺,略不等长。引器褐色,犁形。尾弯向腹面,尾尖有1个刺状突起(图4.22)。雌虫长32.6~63.5 cm,比雄虫长30~60倍。尾端尖,腹面有乳突1对,尾尖有一小结节。卵巢2个,双子宫型。未成熟雌虫可见肛门、阴门及阴道。肛门呈横缝状,阴门唇状,开口于虫体中部。子宫内充满胚细胞,随着虫体的成熟,阴门及阴道肛门均萎缩不见,而子宫向虫体前后伸展,后部的卵巢可伸达肛门后方。

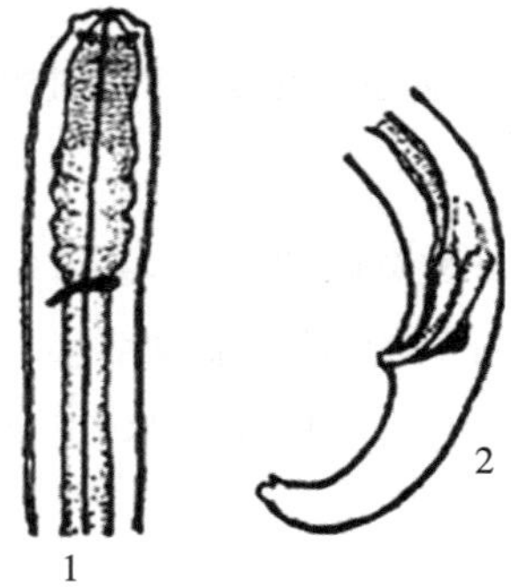

图4.22　四川鸟蛇线虫(引自杨光友,2005)

1. 虫体头部　2. 雄虫尾部

(2)台湾鸟蛇线虫(*A. taiwana*)。

形态构造似四川鸟蛇线虫。雄虫长为6.0 mm,交合刺不等长,引器三角形。雌虫长为11~24 cm,尾弯曲呈钩状。生殖孔位于虫体后半部(图4.23)。

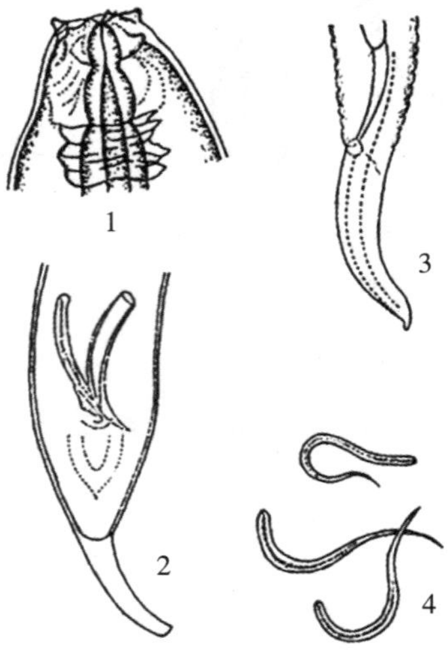

图4.23　台湾鸟蛇线虫(引自杨光友,2005)

1.虫体头部　2.雄虫尾部　3.雌虫尾部　4.幼虫

【文献拓展】

1.李明忠,李明伟,程泽江.四川鸟蛇线虫的生活史和形态学研究[J].中国兽医寄生虫病,1997(1):1-5.

2.Das G, Westermark P O, Gauly M. Diurnal variation in egg excretion by *Heterakis gallinarum*. 2019, 146(2): 206-212.

3.马兴树.鸡呼吸系统疾病的鉴别诊断与防治[J].兽医导刊,2016,5:13-14.

实验11 畜禽其他重要线虫的形态学观察

【实验目的】

1. 掌握旋毛虫及其幼虫,有齿冠尾线虫、毛尾(首)线虫、刚棘颚口线虫、指形丝状线虫、犬恶丝虫的主要形态特征。

2. 通过肉眼、放大镜或显微镜观察识别这几种线虫,了解其寄生部位及中间宿主的种类,并能准确诊断它们引起的线虫病。

【实验材料】

1. 实验标本

(1)封片标本。

肌旋毛虫、有齿冠尾线虫、丝状线虫等虫体的玻片标本。

(2)浸渍标本。

有齿冠尾线虫、毛尾线虫、刚棘颚口线虫、指形丝状线虫、犬恶丝虫的虫体浸渍标本。

(3)虫卵标本

毛尾线虫等线虫的虫卵玻片标本或保存虫卵悬液。

2. 实验器材

光学显微镜、放大镜、挂图、载玻片、盖玻片、投影仪、乳酸酚透明液、甲醛、擦镜纸、二甲苯(或乙醚-乙醇混合液)等。

【实验方法】

对于虫体较小的线虫或幼虫染色封片标本应采用低倍(物镜4倍)显微镜进行观察,而较大的虫体染色封片标本可采用放大镜观察。观察时应注意其形态特征及大小,比较各种线虫的独特特征，重点观察其局部构造特征。观察虫卵标本时，应取洁净的载玻片，在其中央滴加一滴混匀的虫卵保存液，盖上盖玻片，置于显微镜下观察其虫卵大小、颜色和特征性的结构等。

【注意事项】

1. 显微镜观察时，多使用低倍物镜(4倍或10倍)，需要重点观察虫体局部构造特征，辨别出虫体特征性构造，从而区别出与其他线虫异同；把握虫卵特征性结构并加以区别。

2. 注意观察标本瓶上的标签信息，与虫体结构特征联系起来。

【思考题】

1. 绘出肌旋毛虫典型包囊以及包囊内幼虫形态图，并注明各部构造名称。

2. 列出实验中所观察线虫的寄生部位，并指出丝虫的中间宿主。

3. 根据对有齿冠尾线虫和犬恶丝虫病例标本的观察，试推测它们引起的危害。

【参考阅读】

1. 有齿冠尾线虫(*Stephanurus dentatus*)

虫体粗壮，形似火柴杆。新鲜虫体呈灰褐色，体壁较透明，其内部器官隐约可见。口囊呈杯状，壁厚，底部有6~10个小齿。口缘有一圈细小的叶冠和6个角质隆起(图4.24)。雄虫长20~30 mm，交合伞小，腹肋并行，其基部为一总干；侧肋基部亦为一总干；外背肋细小；背肋粗壮，其远端分为4个小支。交合刺2根，有引器和副引器。雌虫长30~45 mm。虫卵呈长椭圆形，较大，灰白色，两端钝圆，卵壳薄，大小为(99.8~120.8) μm×(56~63) μm。

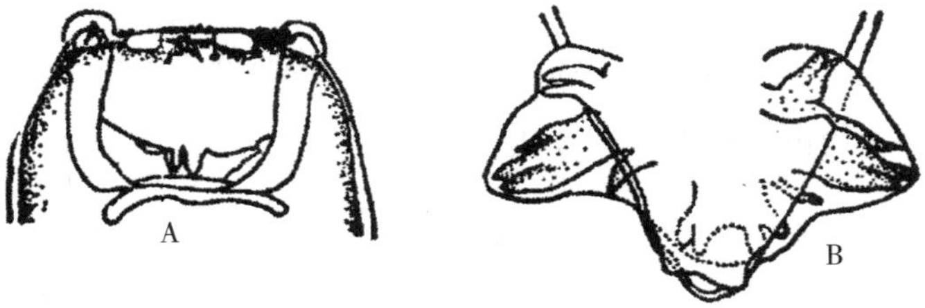

图4.24 猪有齿冠尾线虫(引自李国清，1999)

A.头部 B.交合伞

2. 毛尾线虫的特征

虫体前部呈毛发状，故又称毛首线虫。整个外形又像鞭子，前部细，像鞭梢，后部粗，像鞭杆，故又称鞭虫（图 4.25）。

（1）猪毛尾线虫（*Trichuris suis*）。

虫体乳白色，前为食道部，细长，后为体部，短粗，内有肠和生殖器官。雄虫后部弯曲，泄殖腔在尾部，有 1 根交合刺，包在有刺的交合刺鞘内；雌虫后端钝圆，阴门位于粗细部交界处。雄虫长 20 ~ 52 mm，雌虫长 39 ~ 53 mm。虫卵腰鼓形，两端有卵塞，卵呈棕黄色，卵壳厚，刚排出时含 1 个卵细胞（图 4.26）。

（2）绵羊毛尾线虫（*T. ovis*）。

雄虫长 50 ~ 80 mm，雌虫长 35 ~ 70 mm。球鞘毛尾线虫（T.globulosa）其交合刺鞘的末端膨大成球形。

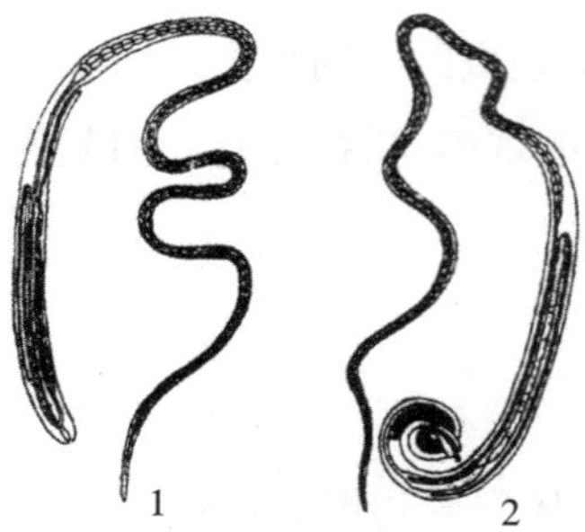

图 4.25　毛尾线虫（引自杨光友，2005）

1. 雌虫　2. 雄虫

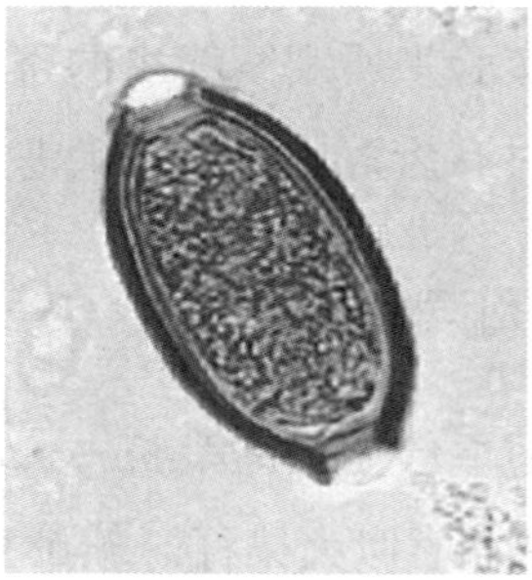

图 4.26　毛尾线虫虫卵

（安徽农业大学徐前明提供）

3. 旋毛虫（*Trichinella spiralis*）。

成虫寄生于动物小肠内，称之为肠旋毛虫；幼虫寄生于动物横纹肌内，称之为肌旋毛虫（图 4.27）。肉眼观察肌旋毛虫幼虫形成的包囊，只有细针尖头大小，呈乳白色，半透明，露滴状。包囊呈梭形，长 0.25 ~ 0.50 mm，其长轴与肌纤维平行，有两层壁，包囊内一般含 1 条幼虫，也有的可达 6 ~ 7 条。成虫体小，向前端渐细，雌虫长 3 ~ 4 mm，雄虫不及 2 mm，虫体前端咽管约占虫体的 1/3 ~ 1/2。

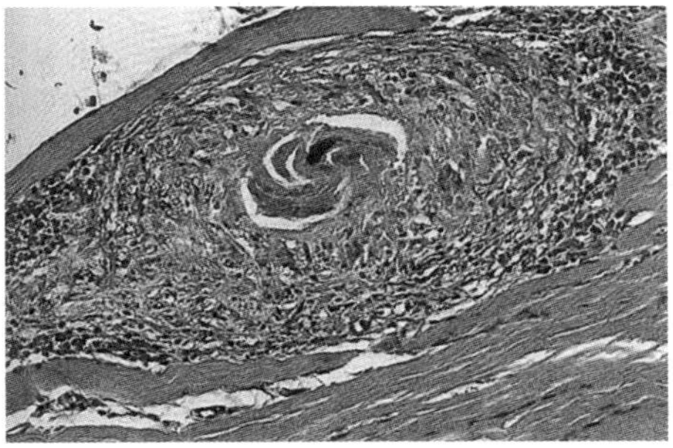

图4.27　旋毛虫幼虫寄生于肌肉组织染色切片
（安徽农业大学徐前明提供）

4.颚口线虫的特征

头端呈球形膨大，其上布满小棘，其余体表也布满小棘。体前部小棘呈鳞片状。

（1）刚棘颚口线虫（*Gnathostoma hispidum*）。

寄生于猪胃内。新鲜虫体呈淡红色，表皮菲薄，可透见体内的白色生殖器官。雄虫长15～25 mm，有交合刺1对，不等长；雌虫长22～45 mm。虫卵椭圆形，黄褐色，一端有帽状结构，卵的大小为（72～74）μm×（39～42）μm。

（2）有棘颚口线虫（*G. spinigerum*）。

寄生于犬、猫等肉食兽的胃内。雄虫长10～25 mm，雌虫长22～45 mm（图4.28）。

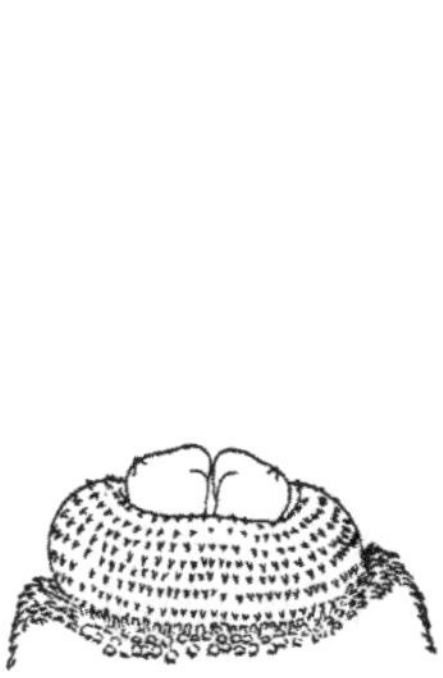

图4.28　有棘颚口线虫（引自汪明，2003）
A.头端背面　B.幼虫

5.丝状属（*Setaria*）线虫的特征

本属线虫长数厘米至十余厘米，乳白色。口孔周围有角质环围绕，背腹面，有时也在侧面有向上的隆起，形成唇状、肩章状或乳突状的外观。口环的后方有乳突。雄虫有交合刺1对，不等长，不同形；在泄殖孔前后有乳突数对。尾部常呈螺旋状卷曲。雌虫较雄虫大，尾尖上常有小结或小刺；阴门在食道部。雌虫产带鞘的微丝蚴，出现于宿主的血液中。

(1)马丝状线虫(*S. equina*)。

寄生于马属动物的腹腔,有时也寄生于胸腔、盆腔和阴囊等处(其幼虫可能出现于眼前房内,称浑睛虫,长可达30 mm)。虫体呈乳白色线状。口孔周围有角质环围绕,由环的边缘上突出形成2个半圆形的侧唇、2个乳突状的背唇和2个乳突状腹唇。头部有4对乳突,侧乳突较大,背、腹乳突较小。雄虫长40~80 mm,交合刺2根;雌虫长70 ~ 150 mm,尾端呈圆锥状。微丝蚴长190 ~ 256 μm。

(2)鹿丝状线虫(*S. cervi*)。

又称唇乳突丝状线虫(*S. labiatopapillosa*),寄生于牛、羚羊和鹿的腹腔。口孔呈长形,角质环的两侧部向上突出呈新月状(较宽阔),背、腹面突起的顶部中央有一凹陷,略似墙垛口(颇狭窄)。雄虫长40 ~ 60 mm,交合刺2根,雌虫长60 ~ 120 mm;尾端为球形的纽扣状膨大,表面有小刺(图4.29)。微丝蚴有鞘,长240 ~ 260 μm。

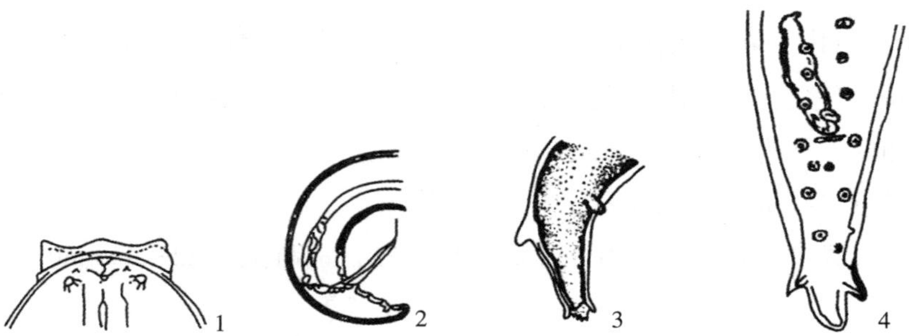

图4.29 鹿丝状线虫(引自赵辉元,1996)

1.虫体头端 2.雄虫尾端 3.雌虫尾端 4.雄虫后端腹面

(3)指形丝状线虫(*S. digitata*)。

寄生于黄牛、水牛和牦牛的腹腔。和鹿丝状线虫的形态相似,但口孔呈圆形,口环的侧突起为三角形,且较鹿丝状线虫的为大。头乳突仅4个。雄虫长40 ~ 50 mm,交合刺2根,雌虫长60 ~ 80 mm,尾末端为一小的球形膨大,其表面光滑或稍粗糙(图4.30)。

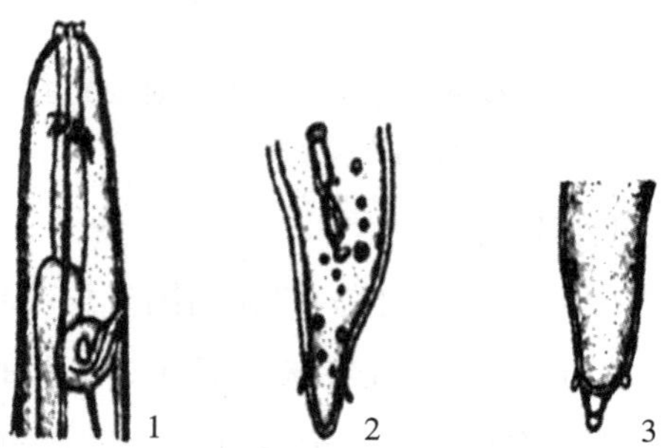

图4.30 指形丝状线虫(引自赵辉元,1996)

1.虫体头端 2.雄虫尾端 3.雌虫尾端

6. 犬恶丝虫（*Dirofilaria immitis*）

虫体呈微白色，细长丝线状，口由6个不明显的乳突围绕（图4.31）。雄虫长为12～16 cm，尾部短而钝圆，有窄的尾翼膜，末端有尾乳突11对（泄殖孔前5对，泄殖孔后6对），有2根不等长的交合刺，左侧的长，末端尖；右侧的短，相当于左侧的1/2长，末端钝圆。整个尾部呈螺旋形弯曲。雌虫长为25～30 cm，尾部直，阴门开口于食道后端。

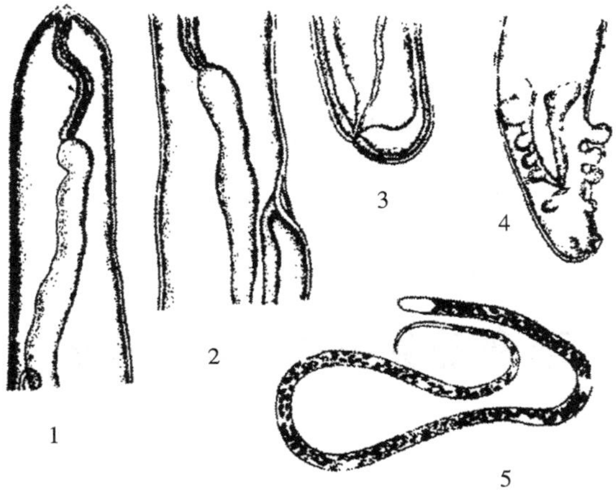

图4.31　犬恶丝虫（引自赵辉元，1996）

1. 前端　2. 雌虫阴门　3. 雌虫后端

4. 雄虫后端　5. 微丝蚴

【文献拓展】

1. 陈殿文. 猪旋毛虫病的流行现状、临床症状、检疫方法及防治[J]. 现代畜牧科技，2019(2)：65–66.

2. 黄红松，杨光友，王成东，等. 犬恶丝虫病病原生物学研究进展[J]. 四川动物，2008，27(2)：316–319.

3. 卜灿灿，路平坪，李健，等. 广西黑山羊体内毛尾属线虫若干虫种记述[J]. 甘肃畜牧兽医，2014，44(2)：35–37.

4. 盖文燕，王君玮，王娟，等. 山东省部分地区屠宰场猪旋毛虫病检测[J]. 中国动物检疫，2018，35(1)：11–12，31.

第五章　畜禽棘头虫病病原形态学诊断

棘头虫虫体呈椭圆形、纺锤形或圆柱形等不同形态，大小差别极大。前端有一可伸缩的吻突，其上有小棘或小钩。有假体腔，无消化系统，左右对称，雌雄异体。主要寄生于鱼类、鸟类和哺乳动物等脊椎动物的肠道内。

实验12　畜禽棘头虫的形态学观察

【实验目的】

1. 掌握猪巨吻棘头虫、鸭大多形和小多形棘头虫、鸭细颈棘头虫的基本形态和结构。

2. 通过肉眼、放大镜或显微镜观察识别这几种棘头虫，了解其寄生部位及中间宿主的种类，并掌握其虫卵特征。

【实验材料】

1. 实验标本

(1)封片标本。

大多形棘头虫和小多形棘头虫的雄虫、雌虫标本。

(2)浸渍标本。

大多形棘头虫、小多形棘头虫、细颈棘头虫和蛭形巨吻棘头虫等的标本。

(3)病理标本。

蛭形巨吻棘头虫钻入猪肠壁；寄生于鸭肠壁的多形棘头虫等病理标本。

(4)虫卵。

蛭形巨吻棘头虫卵。

2. 实验器材

光学显微镜、手持放大镜、镊子、解剖针、平皿、载玻片、盖玻片、胶头滴管、甲醛、擦镜纸、二甲苯(或乙醚–乙醇混合液)、挂图、电视视频投影设备、多媒体设备等。

【实验方法】

1. 通过肉眼观察或手持放大镜观察大多形棘头虫、小多形棘头虫、细颈棘头虫和蛭形巨吻棘头虫的外形结构特征。

2. 在光学显微镜下观察玻片标本中棘头虫的雌虫、雄虫及虫卵的内部主要结构。

3. 肉眼观察棘头虫病的病理标本。

【注意事项】

1. 对照教材上棘头虫的相关内容,认真观察虫体浸渍标本和玻片标本,充分理解和掌握相关知识点。

2. 观察标本的过程中,轻拿轻放,保护好标本,防止破损毁坏。

【思考题】

1. 绘出大多形棘头虫的雄虫、雌虫形态图,并注明其各部构造名称。

2. 比较猪蛔虫与蛭形巨吻棘头虫在外形上的主要区别。

【参考阅读】

1. 蛭形巨吻棘头虫(*Macracanthorhynchus hirudinaceus*)

蛭形巨吻棘头虫主要寄生于猪的小肠内,也可感染野猪、猫和犬,偶尔见于人。虫体呈乳白色或淡红色,长圆柱形,前部较粗,后部较细。体表有横皱纹(图 5.1),吻突小,呈球形,有 5 ~ 6 行小棘,每行 6 个。雌虫长 30 ~ 68 cm,雄虫长 7 ~ 15 cm。虫卵长椭圆形,深褐色,两端稍尖,壳厚,大小为(89 ~ 100) μm×(42 ~ 56) μm,内含棘头蚴(图 5.2)。

图5.1 蛭形巨吻棘头虫体
（引自孔繁瑶，2010）

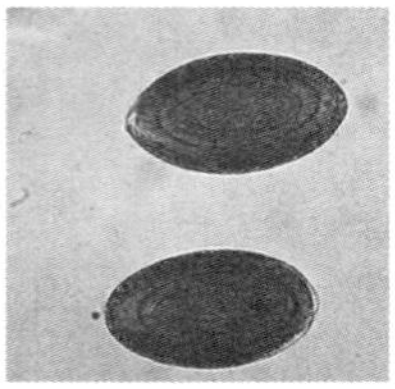

图5.2 蛭形巨吻棘头虫虫卵
（安徽农业大学徐前明提供）

2.大多形棘头虫（*Polymorphus magnus*）

大多形棘头虫寄生于鸭、鹅、天鹅、野生游禽和野禽的小肠前段。新鲜虫体橘红色，纺锤形，前端大，后端狭细（图5.3）。吻突上有18纵列小钩，每列7～8个。吻囊呈圆柱形。雄虫长9.2～11 mm，睾丸呈卵圆形，位于虫体前1/3部分内，接近吻囊处。雌虫长12.4～14.7 mm。虫卵呈长纺锤形，大小为（113～129）μm×（17～22）μm。

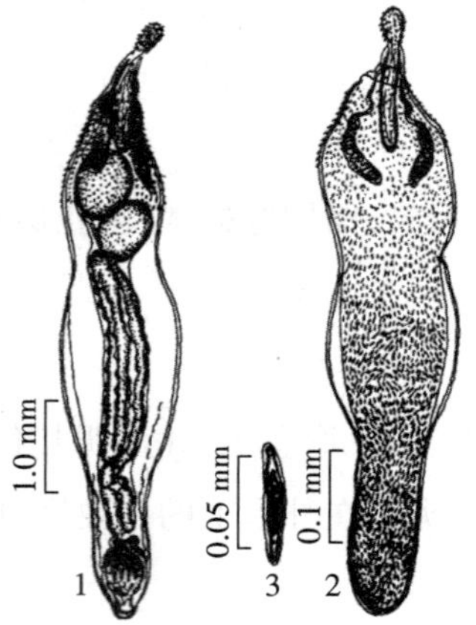

图5.3 大多形棘头虫（引自孔繁瑶，2010）
1.雄虫 2.雌虫 3.虫卵

3.小多形棘头虫（*P. minutus*）

虫体较小，呈纺锤形。雄虫长3 mm，雌虫长10 mm。新鲜虫体呈橘红色，吻突呈卵圆形，有钩16纵列，每列7～10个，前部的钩较大，向后逐渐变小（图5.4）。虫体前部有小棘。吻囊发达，与前睾相邻。睾丸近于圆形，前后斜列于虫体的前半部内。卵呈纺锤形，大小为110 μm×20 μm。

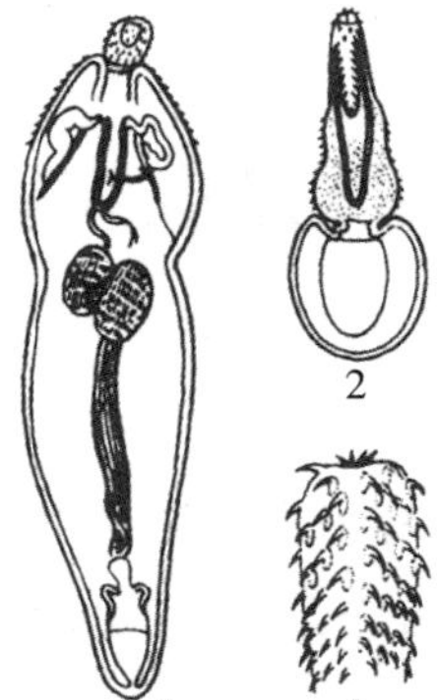

图 5.4 小多形棘头虫(引自孔繁瑶,2010)

1.雄虫 2.吻突和吻囊 3.吻钩

4.鸭细颈棘头虫(*Filicollis anatis*)

虫体呈纺锤形,白色,前部有小棘。雄虫长 4 ~ 6 mm,吻突椭圆形,有 18 纵列小钩,每列 10 ~ 16 个。吻腺长。睾丸前后排列,位于虫体的前半部内(图 5.5)。雌虫长 10 ~ 25 mm,前后两端稍狭小。吻突膨大呈球形,直径 2 ~ 3 mm,其前端有 18 纵列小钩。吻腺亦长。虫卵呈椭圆形,大小为 (62 ~ 70)×(20 ~ 25)μm。

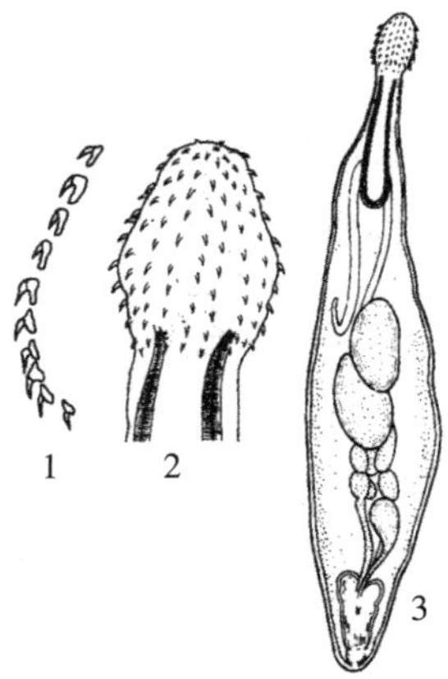

图 5.5 鸭细颈棘头虫(引自孔繁瑶,2010)

1.雄虫吻钩 2.雄虫吻突 3.雄虫

【文献拓展】

1.陈紫剑.猪棘头虫病的流行、诊断和防治方案[J].现代畜牧科技,2017(12):90.

2.罗厚强,汪小强,张辉,等.西藏林芝地区藏猪消化道寄生虫流行情况调查[J].中国兽医学报,2016,36(9):1523-1526.

3.邓玉.猪巨吻棘头虫病的诊治[J].畜禽业,2012(5):84-85.

第六章　畜禽蜘蛛昆虫病病原形态学诊断

蜘蛛昆虫隶属于节肢动物门的蛛形纲和昆虫纲。身体分节，附肢也分节，节肢动物便因此得名。此类动物种类多、分布广，它们的生活方式各有不同，大多数营自由生活，部分营寄生生活。可寄生于动物的体表或体内，会直接或间接地危害人类和畜禽。

实验13　外寄生虫检查技术

外寄生虫主要包括蜱、螨、虱、蚊、蝇等，可寄生于动物的体表或皮内，叮咬引起红肿发痒，消耗动物营养，影响动物休息和采食，同时还可传播其他病原，引起动物损伤甚至死亡，给畜牧业造成重大的经济损失。

【实验目的】

1. 掌握螨类（疥螨、痒螨和蠕形螨）、虱、蜱、蚤等节肢动物的采集、保存和制片方法。
2. 用肉眼、放大镜、显微镜辨别螨、虱、蜱、蚤等，能准确诊断这几种外寄生虫引起的疾病。

【实验材料】

1. 实验动物

患螨类（疥螨、痒螨和蠕形螨）、虱、蜱、蚤、蚊等外寄生虫病的各动物（如兔、羊等）。

2. 实验器材

光学显微镜、放大镜、钝的外科手术刀、镊子、平皿、载玻片、盖玻片、投影仪等。

3. 实验试剂

50%甘油水溶液、10%氢氧化钠溶液等。

【实验方法】

1. 螨类的实验室检测

（1）病料的采集。

①疥螨病料的采集：剪去患病部位毛发，用消毒后的外科手术刀垂直于皮肤表面在患病部位与健康部位交界处刮取皮屑，将皮屑收集到平皿内，以备检查。亦可在外科手术刀蘸取50%甘油水溶液后，再刮取皮屑。

②痒螨病料的采集：用钝的外科手术刀刮取患病部位痂皮或用镊子从兔外耳道或水牛体表取下结痂，装入平皿内，以备检查。

③蠕形螨病料的采集：发现结节或脓疱时，用小刀刮取或切破病变部位，用力挤压，将结节或脓疱内容物收集于试管或采样袋内，备用。

（2）虫体的检查法。

①肉眼检查法：将采集的痂皮放入平皿，放入37 ℃培养箱中15 min或用酒精灯稍稍加热，在平皿下垫一张黑布或黑色的纸，用肉眼观察。此方法适用于个体较大的螨类检查（痒螨）。

②显微镜检查法：取痂皮或结节和脓疱放置于载破片上，滴加50%甘油水溶液或10%氢氧化钠溶液，盖上盖玻片，用镊子轻轻按压盖玻片让病料分散开，置于光学显微镜下检查（物镜4倍或10倍）。

2. 虱和其他吸血节肢动物的检查

仔细观察患病动物，用镊子从动物体表采集虫体放入装有70%酒精的瓶中，盖好瓶塞，带回实验室备用。取出虫体，用肉眼、放大镜或显微镜观察其形态结构。

【注意事项】

1. 疥螨皮屑需要在健康部位和患病部位的交界处刮取，且需要刮至皮肤微微出血。

2. 采集蜱时，要注意从蜱与动物皮肤呈垂直角度拔出蜱，且要注意动物的保定以防被踢伤等。

【思考题】

1. 简述蜱螨的采集、固定与观察方法。

2. 比较疥螨和痒螨的主要形态区别。

实验14

蜱、螨的形态学观察

【实验目的】

1. 掌握蜱、螨的基本形态和结构，并能在放大镜和显微镜下辨别疥螨、痒螨和蠕形螨。
2. 了解蜱、螨的寄生部位与宿主种类，能准确诊断这几种外寄生虫引起的疾病。

【实验材料】

1. 实验标本

(1)封片标本。

雌蜱、雄蜱、幼蜱的封片标本；含有疥螨、痒螨和蠕形螨的皮屑封片标本。

(2)浸制标本。

含各阶段的蜱的浸制标本；含有螨类的皮屑浸制标本。

(3)病理标本。

感染疥螨、痒螨和蠕形螨严重的动物病理标本。

2. 实验器材

光学显微镜、放大镜、投影仪等。

【实验方法】

1. 玻片标本观察

用肉眼或放大镜观察蜱的封片标本，再放到显微镜下采用低倍镜(物镜4倍)观察蜱的形态和结构。观察时注意辨别各类蜱和螨的独特形态特征及各阶段虫体的特征。

2. 浸制标本观察

用肉眼和放大镜结合观察微小扇头蜱、残缘璃眼蜱、羊鼻蝇蛆、牛皮蝇蛆、马胃蝇蛆等的浸渍标本。可以将上述虫体用镊子取出置于平皿内，于体视显微镜下进一步观察其详细形态特征，对照教材或实验指导的有关资料，巩固相关外寄生虫的大体形态特征等重要知识点。螨的病理标本采用肉眼观察，注意辨别其病理特征。

【注意事项】

1.疥螨和痒螨的封片标本为含有皮屑的标本，故先在低倍镜（物镜4倍）下查找到螨虫虫体，再进行详细观察。

2.观察各类标本时，要轻拿轻放，爱护实验标本。注意观察标本瓶上的标签信息，应与相应的虫体结构特征联系起来进行观察。

【思考题】

1.比较硬蜱与软蜱的鉴别要点。

2.阐述疥螨、痒螨和蠕形螨的形态鉴别特点。

【参考阅读】

1.硬蜱的特征

硬蜱科蜱类呈卵圆形，扁平，整个虫体包括假头和躯体部分。躯体背面有几丁质的盾板，雄蜱的盾版覆盖整个背面，其余阶段的蜱的盾板仅覆盖躯体前半部分。

（1）假头。

位于蜱体的前端，包括假头基和口器（图6.1）。假头基随蜱种类不同而形态存在差异，多呈六角形、矩形、三角形。雌蜱的假头基背面有1对孔区。口器由须肢（1对）、螯肢（1对）和口下板（1个）组成。

1对须肢位于假头基前方两侧，共分4节，其中第2节和第3节在虫体鉴定上更具意义，它们的长短与形态因属或种的不同而有异；第1节和第4节短小，第2节和第3节较长，外侧缘直或凸出，第4节嵌在第3节腹面的前端，其末端有须肢器。

1对螯肢位于1对须肢之间，从背面可见，包括螯肢杆和螯肢趾。螯肢杆位于螯肢鞘内，螯肢趾包括内侧的定趾和外侧的动趾。

1个口下板位于螯肢的腹方，其因蜱种类不同形状和长短有异，口下板的腹面有成纵列的逆齿。

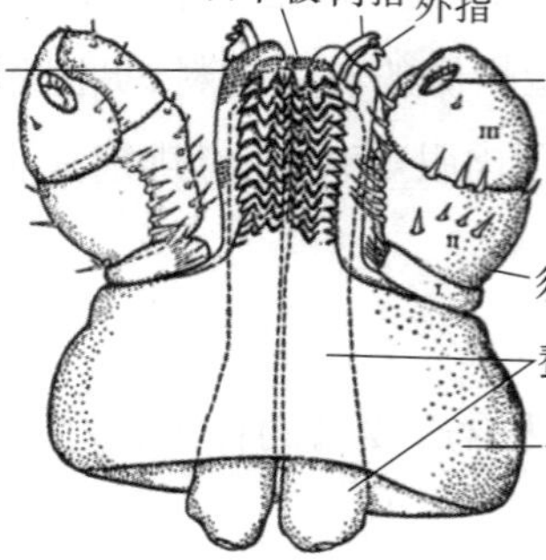

图6.1　硬蜱假头
(引自杨光友,2017)

(2)躯体。

指蜱体假头基后缘的部分,雌、雄蜱在吸血后躯体较吸血前变大,因此,鉴定蜱通常采用未吸血状态的蜱(图6.2)。

①背面。

盾板位于躯体背面。雄蜱的盾板较雌蜱大,雄蜱几乎覆盖整个躯体背面,而雌蜱约占背面的1/3,有的蜱类盾板侧缘有眼。除盾板外,背部位于躯体末端的缘垛亦具有鉴定意义,缘垛的形状颜色与数目因蜱种类不同而异。

②腹面。

蜱体的腹面有足、生殖孔、肛门、气门板和几丁质板等。

足:成年雌、雄蜱和若蜱有4对足,每足由基节、转节、股节、胫节、后跗节和跗节共6节组成,其中第1对足节背部末端有哈氏器(蜱的嗅觉器官),是足的主要鉴别器官。另外,跗节末端有1对爪,爪基有爪垫,爪与爪垫均为鉴别蜱的要点。

生殖孔:雌、雄蜱的交配器官,位于躯体腹面的前部或靠中部正中,若蜱和成蜱阶段形态明显,而幼蜱阶段尚未发育。

肛门:位于躯体腹面后部正中,具有排泄蜱代谢物的功能。在肛门之前或后有或无肛沟,多为半圆形或马蹄形。

气门板:1对,位于第4对足基节的后外侧,蜱种类不同其形状有异,是鉴定蜱的重要依据。

几丁质板:有些种类的蜱其雄蜱腹面存在几丁质板,但因蜱种类不同其数目存在差异。1块生殖前板位于生殖孔之前;1块中板位于生殖孔与肛门之间;1对侧板位于体侧缘的内侧;1块肛板位于肛门的周围,紧靠中板之后;1对肛侧板位于肛板外侧;1对副肛侧板位于肛侧板外侧;1对肛下板位于肛侧板下方。

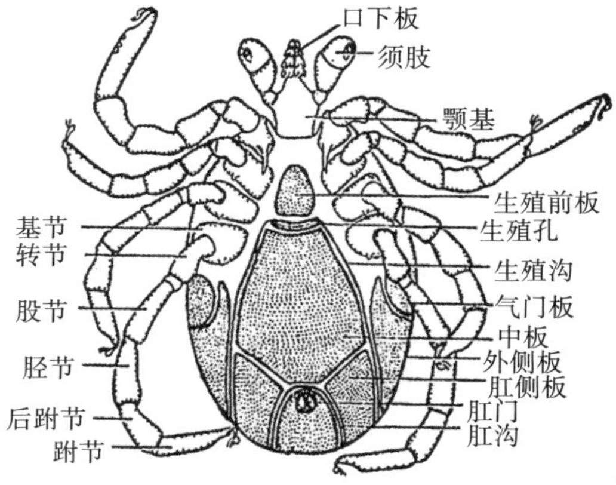

图6.2 硬蜱(雄蜱)的腹面形态与结构

(引自杨光友,2017)

2.软蜱的特征

软蜱呈卵圆形或长卵圆形,虫体扁平,包括假头和躯体部分。吸血后躯体较吸血前变大,但不如硬蜱明显。假头位于腹面的前端,从背面无法看见。躯体背面具有革状外皮,躯体背面和腹面均无几丁质板。有4对足,分节。软蜱雌蜱的生殖孔呈横向裂缝,雄蜱的生殖孔近似半圆形;气门板较小。与兽医有关的软蜱主要包括2个属,即锐缘蜱属和钝缘蜱属。

3.蜱的分类

中国硬蜱已记载4亚科7属106种,包括硬蜱亚科24种,花蜱亚科9种,血蜱亚科44种,扇头蜱亚科29种。而中国软蜱已记录14种,包括锐缘蜱属10种,钝缘蜱属4种。

蜱目分科检索表

(1)身体背面具几丁质盾板或假盾区;假头向前,从背面可见;气门板显著,位于身体腹面,足基节 IV 的后外侧;须肢各节几乎等长,或第 IV 节收缩,内陷于第 III 节腔内 ……………… (2)

表皮革质,身体背面无盾板(伪盾蜱属具革质假盾区,但硬化程度不高);假头位于腹面前方,从背面不可见;气门板不明显,位于足基节 III 和 IV 之间的基节上褶上;须肢各节几乎等长,第 IV 节不收缩,不内陷,不近端点 …………………………………………… 软蜱科(Argasidae)

(2)雌蜱身体背面具皱褶,前端具乳突状革质假盾区;覆盖物折叠程度深;须肢 3 节,末节内陷不明显 ………………………………………………………………… 纳蜱科(Nuttalliellidae)

身体背面具明显坚硬的盾板,雌蜱和未成熟蜱覆盖背面前半部,雄蜱则覆盖整个背部;除几丁质板附近,表皮上具有细小的褶或条纹;须肢第 IV 节收缩,内陷在第 III 节腔内 ……………………………………………………………………… 硬蜱科(Ixodidae)

硬蜱科分属检索表(成蜱)

(1)肛沟围绕肛门之前;雄蜱腹面几乎全被几丁质板(共7块)所覆盖 ……………… 硬蜱属(*Ixodes*)

肛沟围绕肛门之后,或很浅不明显;雄蜱腹面若有几丁质板,只覆盖后面一部分 …………… (2)

(2)假头基六角形;雄蜱具肛侧板及副肛侧板 …………………………………………………… (3)

假头基矩形或其他形状;雄蜱无肛侧板及副肛侧板,如有则须肢窄长 ……………………… (4)

(3)肛沟明显;足基节Ⅰ有2个发达的距,内距较为尖窄 ………………… 扇头蜱属(*Rhipicephalus*)

(4)体宽短,卵圆形或宽卵形;须肢直而显著窄长,尤其第二节最明显 …… 花蜱属(*Amblyomma*)

体窄长,卵形或长卵形;须肢粗短或窄长;足基节Ⅰ的2距窄长且靠近,不然则气门板周缘均匀无增厚部 ……………………………………………………………………………………… (5)

(5)无眼;足基节Ⅰ只有1个距,有时很短 ………………………………… 血蜱属(*Haemaphysalis*)

有眼;足基节Ⅰ有2个发达的距,内距较尖窄 ………………………………………………… (6)

(6)盾板有白色珐琅斑;须肢粗短 ……………………………………………… 革蜱属(*Dermacentor*)

盾板单色,无珐琅斑;须肢窄长 ……………………………………………… 璃眼蜱属(*Hyalomma*)

软蜱科分属检索表

(1)背腹间有明显缝线分隔,身体侧面有明显的矩形盘(缘盘);眼付缺;成蜱和若蜱表皮有许多细小皱纹和盘窝;宿主多为鸟类 …………………………………………………… 锐缘蜱属(*Argas*)

背腹间无明显的缝线分隔;成蜱和若蜱表皮不一,呈乳突或结节状;无缘盘;有眼;宿主多样 ……………………………………………………………………………………………… (2)

(2)若蜱表皮有刺,口下板发达;成蜱表皮覆盖物颗粒状,口下板退化;宿主为兔形目和偶蹄目动物 ………………………………………………………………………… 残喙蜱属(*Otobius*)

若蜱和成蜱表皮无刺;成蜱口下板多形但不退化;宿主多样 ……………………………… (3)

(3)若蜱或成蜱背板有1个光滑的升高区或假盾区;有些须肢第Ⅰ节具有大凸缘使口下板不太明显;口下板宽阔,雌蜱如铲状,雄蜱退化 ……………………………………… 败蜱属(*Carios*)

口下板多样,具齿但不呈铲状(宿主非蝙蝠) ……………………………… 钝缘蜱属(*Ornithodoros*)

4.螨类的形态特征

(1)疥螨。

疥螨寄生于宿主皮肤表皮层内,不同动物和人体的疥螨均为同一虫种。虫体较小,长度不超过0.5 mm,虫体近圆形,背面隆起,腹部扁平,体表有横斜的皱纹,整个虫体包括假头和躯体部分(图6.3)。

①假头：位于躯体前端，短而宽，含1个蹄铁形的口器（由1对须肢和1对螯肢组成），假头基背面有1对垂直的粗短刚毛或刺。

②躯体：躯体背面有1个几丁质胸甲；体表覆有大量皮纹、三角形鳞片和棒状刺；躯体两侧有对称的刚毛；躯体腹面有4对粗短呈圆锥形的足，每对足基部均有角质化的支条，前2对足位于躯体前方，较后2对足长，从背面可见，后2对足位于躯体后1/3，从背面不可见。第1对足的支条在虫体中部合并1长干，虫体发育阶段不同足末端会有吸盘或刚毛，吸盘呈膜质钟形有长柄，但吸盘的柄不分节（图6.3和图6.4）；肛门位于躯体末端。

③各发育阶段虫体特征如下：雌螨个体最大，且有4对足，在第1对和第2对足上有吸盘，第3对和第4对足上为长刚毛，产卵孔位于腹面中央。雄螨在第1对、第2对和第4对足上有吸盘，第3对足上有长刚毛。若螨外形与成螨相似，有4对足，但体形较成螨较小，生殖器尚未显现。幼螨个体最小，外形与成螨相似，但仅有3对足，前2对足上具有吸盘，后1对足具长刚毛。螨卵呈长椭圆形，壳很薄，卵内有或无幼螨（图6.5）。

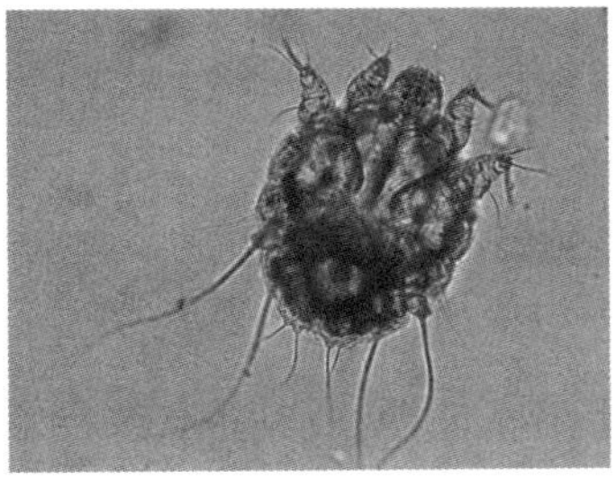

图6.3　疥螨背面观
（引自杨光友，2013）

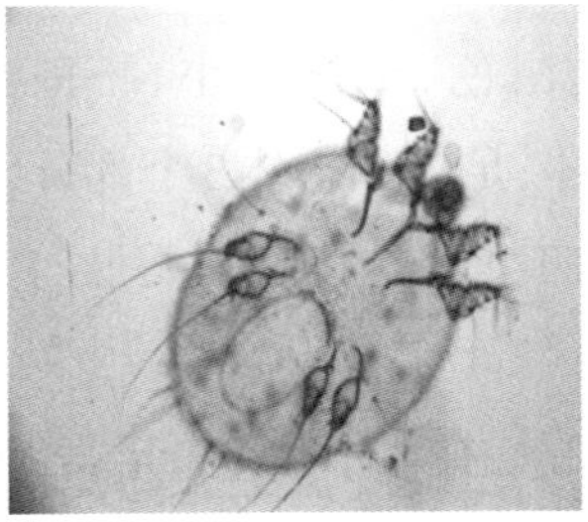

图6.4　疥螨腹面观
（引自杨光友，2013）

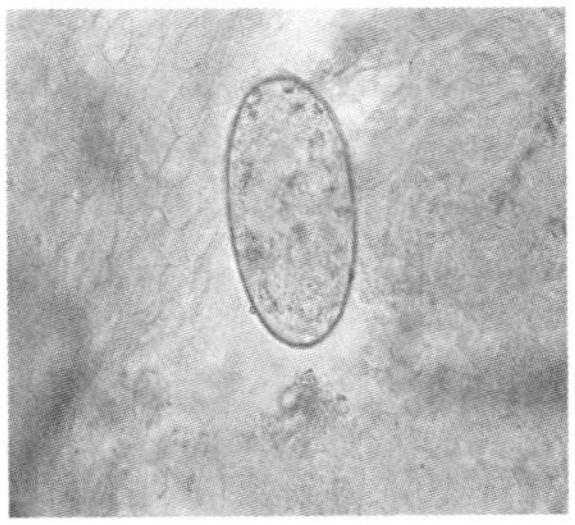

图6.5　疥螨虫卵
（四川农业大学杨光友提供）

（2）痒螨。

痒螨寄生于宿主皮肤表面，不同动物体的痒螨均为同一虫种——*Psoroptes ovis*。虫体呈长圆形，个体较疥螨更大，肉眼可见。整个虫体包括假头和躯体两部分（图6.6）。

①假头：由假头基和口器组成，假头基背面无粗短的刺或刚毛；有长的刺吸式口器。口器中的须肢细长，螯肢亦细长，且有三角形齿。

②躯体：躯体背面体表有稀疏的刚毛和细皱纹。4对足较长，前2对足较后2对足粗大，足的末端有吸盘或刚毛；肛门位于躯体末端。

③各发育阶段虫体特征如下：雌螨个体最大，有4对足，在第1对、第2对和第4对足上有吸盘，第3对足上有2根长刚毛，产卵孔位于腹面的前体部。雄螨大小约为雌螨的2/3，在第1对、第2对和第3对足上有吸盘，且吸盘下方又分为3节的柄，第4对足短，无吸盘和刚毛，躯体末端有2个大结节，且其上有数根刚毛，在结节前方有1对性吸盘。若螨外形与成螨相似，大小与雄螨接近，有4对足，在第1对、第2对和第4对足上有吸盘，第3对足

上为长刚毛。幼螨个体最小，外形与成螨相似，但仅有3对足，前2对足上具有吸盘，后1对足具长刚毛。

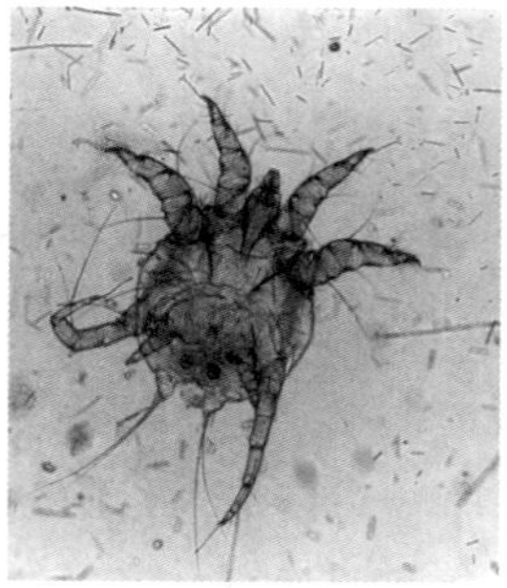

图6.6 雄性痒螨背面观
（引自杨光友，2013）

（3）蠕形螨。

蠕形螨寄生于宿主的毛囊或皮脂腺中，不同动物体的蠕形螨归为不同的虫种。虫体窄长，呈蠕虫状，半透明的乳白色，个体较小，一般大小为（0.17～0.44）mm×（0.045～0.065）mm。整个虫体包括颚体、足体和末体3个部分（图6.7）。

①颚体：外形呈不规则的四边形，包括1对螯肢、1对须肢和1个口下板。具有刺吸式口器。

②足体：约占虫体体长的1/4，有4对粗短的足，各足基节不能活动，其他各节能活动；足跗节上有1对叉形爪。

③末体：呈细长指状，约占虫体体长的2/3以上，表面有环形皮纹。

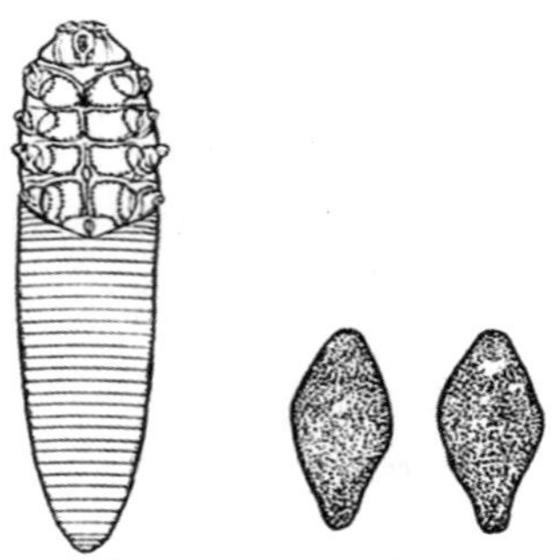

图6.7 蠕形螨
（引自杨光友，2017）

【文献拓展】

1.李兰花,张仪.我国蜱传寄生虫病流行现状及防控[J].中国血吸虫病防治杂志,2019,31(1):58-62.

2.刘营,侯娟,李天奇,等.浙江省硬蜱科一新纪录种的形态学与分子生物学鉴定[J].中国媒介生物学及控制杂志,2020,31(2):164-168.

3.尹志伟,刘向军,郭帅,等.沈阳地区宠物犬主要体外寄生虫病流行状况调查[J].吉林畜牧兽医,2019,40(05):15-17.

4.李秀君,李文超,俎威,等.赤峰市大学生蠕形螨流行情况及认知状况调查[J].寄生虫与医学昆虫学报,2018,25(2):111-115.

实验15 昆虫的形态学观察

【实验目的】

1. 掌握牛皮蝇蛆、羊鼻蝇蛆、马胃蝇蛆、毛虱、羽虱、蚊、蚋和蠓的基本形态和结构。

2. 能用肉眼、放大镜和显微镜辨别上述几种昆虫的种类，了解其寄生部位与宿主，并能准确诊断这几种昆虫引起的疾病。

【实验材料】

1. 实验标本

(1)针插标本。

牛皮蝇蛆成蝇、羊鼻蝇蛆成蝇、马胃蝇蛆成蝇、蚊、蚋和蠓的针插标本。

(2)封片标本。

毛虱、羽虱、蚊、蚋和蠓的封片标本。

(3)浸制标本。

牛皮蝇蛆、羊鼻蝇蛆、马胃蝇蛆各阶段和成蝇的浸制标本；毛虱、羽虱及其卵的浸制标本。

(4)病理标本。

感染牛皮蝇蛆、羊鼻蝇蛆和马胃蝇蛆严重的动物病理标本。

2. 实验器材

光学显微镜、放大镜、挂图、投影仪等。

【实验方法】

用肉眼或放大镜观察各类针插标本；在低倍(物镜4倍)显微镜下观察毛虱、羽虱、蚊、蚋和蠓的封片标本中各类昆虫形态和结构，观察时注意辨别各类昆虫的独特形态特征。用肉眼或放大镜观察各类浸制标本，并注意辨别其形态特征和大小。采用肉眼观察病理标本，注意辨别其病理特征。

【注意事项】

1. 观察针插标本时重点观察昆虫的体表颜色、翅脉特点、触角分节数目等特点。

2. 观察各类标本时，要轻拿轻放，爱护实验标本。注意观察标本瓶上的标签信息，应与相应的虫体结构特征联系进行观察。

【思考题】

1. 阐述牛皮蝇蛆、羊鼻蝇蛆和马胃蝇蛆3期幼虫的形态鉴别要点。

2. 比较蚊、蠓和蚋的形态区别。

【参考阅读】

1. 昆虫的特征

昆虫身体左右两侧对称，包括头部、胸部及腹部3个部分。体外壁具有外骨骼和混合体腔及开放式的循环系统。头部有口器和触角及复眼；胸部由3个体节组成，且有3对足；腹部由多个体节组成，腹部末端具有产卵器，两侧有气门。因昆虫种类不同呼吸方式存在差异，有的用鳃，有的用书肺或气管呼吸，或可经体表呼吸。

(1)牛皮蝇(*Hypoderma bovis*)。

成蝇个体较大，体长约15 mm，外形似蜜蜂，体表的绒毛厚而长，胸部的前、后部有淡黄色绒毛，胸部的中部有黑色绒毛；腹部基部绒毛为白色，腹部中段绒毛为黑色，腹部末端绒毛为橙黄色。翅为淡灰色。(图6.8)

第3期幼虫(成熟幼虫)呈棕褐色，粗壮，柱形，长可达28 mm。背面扁平，腹面稍隆起，最后2节腹面无刺。虫体后端有2个呈漏斗状的气门板。(图6.8)

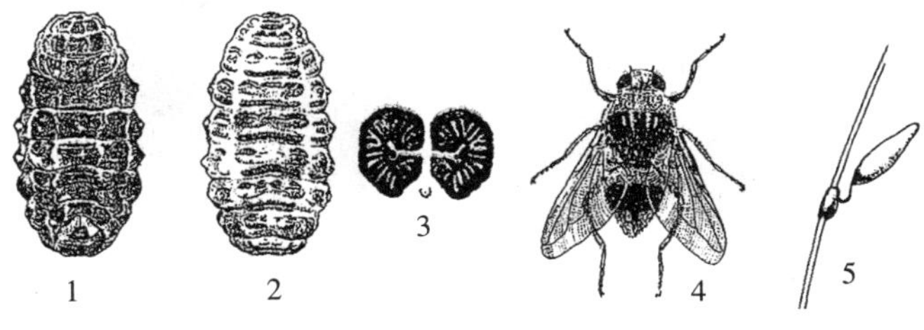

图6.8　牛皮蝇(引自杨光友,2017)

1. 第3期幼虫腹面　2. 第3期幼虫背面　3. 第3期幼虫后气门板　4. 牛皮蝇成蝇　5. 牛毛发上的虫卵

(2)羊狂蝇(*Oestrus ovis*)。

羊狂蝇成蝇体长10～12 mm,淡灰色,且略带金属光泽,体形似蜜蜂。成蝇头大呈黄色,全身覆盖有绒毛,腹部有银白色闪光点。第3期幼虫背面隆起,腹面扁平,长28～30 mm,前端尖,有两个黑色口前钩。

第3期幼虫(成熟幼虫)外形似圆柱形,长25～30 mm,前段尖,弯曲。有2个较为发达的黑色口前钩。虫体背面无刺,腹侧有许多小刺,各节有颜色不一的带斑(随成熟度不同颜色深浅有差异)。腹面各节前缘有约11列小刺。虫体后端齐平,有2个明显呈黑色且几乎相接的后气门板。(图6.9)

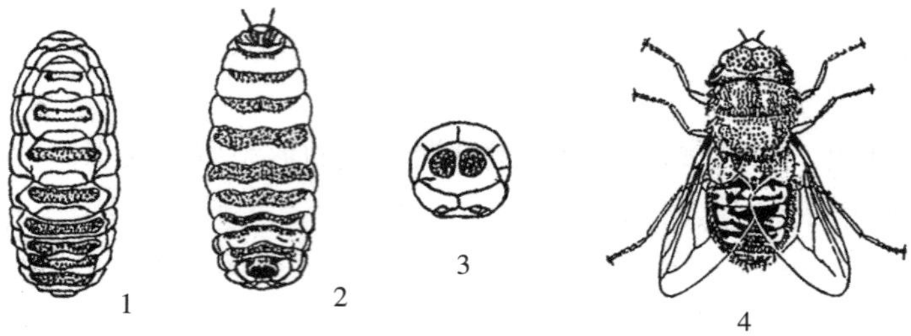

图6.9 羊鼻蝇蛆(引自杨光友,2017)

1.第三期幼虫背面 2.第三期幼虫腹面 3.后气门板 4.雌性成蝇

(3)马胃蝇。

全世界记载有20种马胃蝇,其中我国常见的有4种,肠胃蝇(*Gasterophilus intestinalis*)、红尾胃蝇(*G. haemorrhoidalis*)、兽胃蝇(*G. pecorum*)和鼻胃蝇(*G. nasals*)(图6.10)。马胃蝇第3期幼虫(成熟幼虫)呈竹节状,分节明显,每节有1圈或2圈小刺,前端稍尖,有1对发达的口前钩,后端平有1对后气门板。4种马胃蝇的主要鉴别要点见表6.1,其中幼虫体色、棘刺大小及排布、体型等特征是快速鉴定马胃蝇3期幼虫的依据。

图6.10 4种马胃蝇第3期幼虫形态特征(引自吉尔格力等,2016)

1.肠胃蝇 2.鼻胃蝇 3.兽胃蝇 4.红尾胃蝇

表6.1 4种常见马胃蝇蛆的鉴别特征

(引自刘善辉,2012;吉尔格力等,2016;杨红霞,2017)

特征	鼻胃蝇	肠胃蝇	红尾胃蝇	兽胃蝇
体色	淡黄色	微红色	暗红色	血红色
刺大小与排布	每节有1列;刺末端尖面色泽深	每节有2列,前列刺明显大于后列刺,且刺长度明显大于其他3种;第9体节背面中央缺刺,第10节两侧有1～2根刺	每节有2列较小的小刺;第7、8节中央无刺,第9节两侧有1～2根刺	每节有2列,前列刺略大于后列刺;第6、7、8节中央无刺,第9节两侧有1~2根刺
体型	12～17 mm	15～21 mm	13～18 mm	13～20 mm
假头小刺	3组小刺突位于口钩与感受器之间	2组小刺突位于口钩与感受器之间	2组小刺突位于口钩与感受器之间	3组小刺突,其中2组在感觉器下面,1组在中间
口钩特征	口钩膝状弯曲处无突出结节	膝突之前明显凹陷,在口钩上顶部有1对着色较深的感受器	口钩大而长	口钩基部较粗大
气门板	后气门孔常被第8腹节包住,仅留一横缝	后气孔在第8腹节顶端深窝内;气孔板左右各半,每一半有3条平行内弯曲的气门裂	后气门位于最后一腹节顶端;有相对称的3个纵行气门裂	在第8腹节顶端凹窝内,每后孔有3个纵裂弯曲的气门裂

(4)虱的特征。

虱属于昆虫纲虱目,是哺乳动物和鸟类体表的永久性寄生虫,常具有严格的宿主特异性。虱个体较小,虫体扁平,无翅,呈白色或灰黑色,整个虱体包括头、胸、腹3部分,各部分界明显。头部有1眼点或无眼,触角短,常分3～5节。刺吸式或咀嚼式口器。胸部分节,有足3对,腹部亦分节。雌虱个体较雄虱大,雄虱末端圆形,雌虱末端分叉。根据其口器构造和采食方式不同分为虱亚目和食毛亚目。食毛亚目中的大多数种类寄生于禽类羽毛上,简称羽虱(图6.11),少数种类寄生于哺乳动物毛上,简称毛虱(图6.12)。

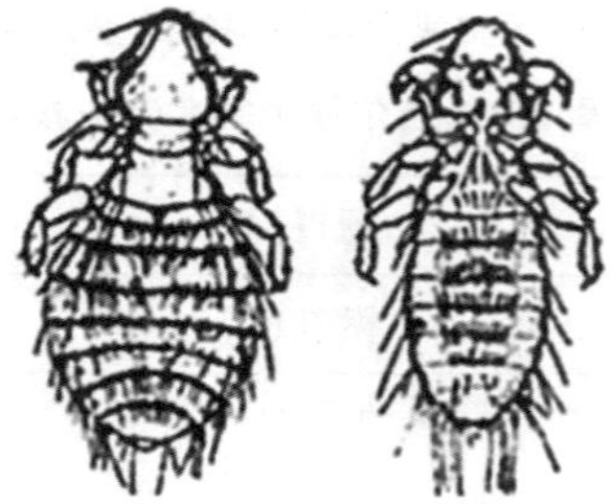

图 6.11　广辐长羽虱(引自杨光友,2009)

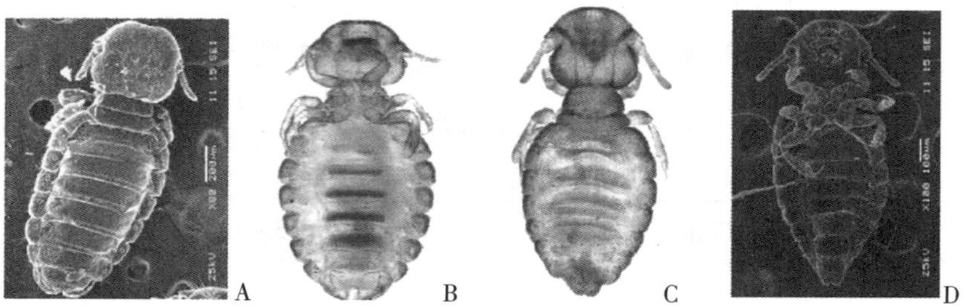

图 6.12　山羊毛虱形态(引自冯莉莉,2019)

A.扫描电镜成虫背面观(80×)　D.扫描电镜成虫腹面观(100×)

羽虱和毛虱体长较小,为 0.5 ~ 1.0 mm,背腹扁平,咀嚼式口器,有些虫体呈扁而宽短的体形,有些虫体呈细长体形。头部宽于胸部,有 3 ~ 5 对触角,胸部分 3 节,有 3 对粗短的足。腹部分 11 节,最后数节常为生殖器。

畜体上常见的毛虱:山羊毛虱(*Damalinia caprae*)、马毛虱(*D. equi*)、牛毛虱(*D. bovis*)、绵羊毛虱(*D. ovis*)和犬毛虱(*Trichodectes canis*)。

鸡体常见的毛虱:广幅长羽虱(*Lipeurus heterographus*)、鸡翅长羽虱(*L. variabilis*)、大角羽虱(*Goniodes gigas*)、鸡圆羽虱(*Goniocotes gallinae*)及鸡羽虱(*Menopon gallinae*)。

(5)蚊的特征。

蚊属于蚊科,全世界有 3000 多种,我国已发现 300 多种。以按蚊属(*Anopheles*)、库蚊属(*Culex*)和伊蚊属(*Aedes*)的蚊类与兽医关系最为密切。

蚊体细长,翅窄,刺吸式口器,虫体分头、胸、腹 3 个部分。头部略呈球形,有 1 对复眼、1 对触角、1 支喙和 1 对须。复眼位于头部两侧;触角分为 15 ~ 16 节,雄蚊触角上的毛密而长,雌蚊触角上的毛稀而短。喙由 1 个上唇、1 个下唇、1 个舌及 1 对上颚和 1 对下颚组成。胸部分为前胸、中胸和后胸 3 节,前、后胸较小,中胸宽大。胸部下方有 3 对足,其中前胸有 1 对前足,中胸有 1 对中足,后胸有 2 对后足。中胸侧面有 1 对翅膀,其上有翅脉和鳞毛,还有 1 对气门。后胸有 1 对气门和 1 对平衡棍。腹部分成 10 节,前 8 节明显,末端 2 节特化为生殖器。(图 6.13)

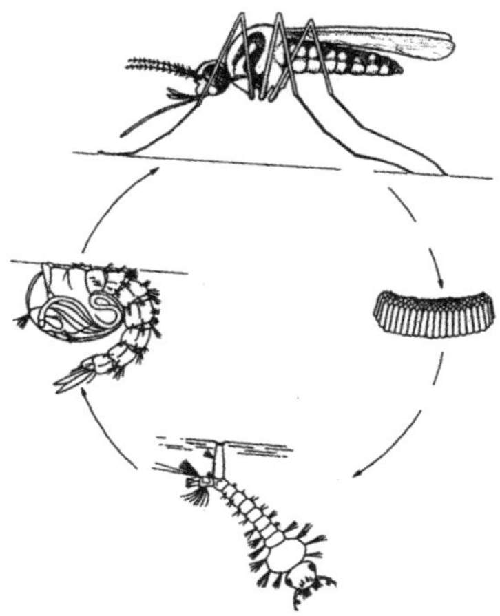

图6.13　蚊(引自杨光友,2009)

我国常见蚊种类:中华按蚊(*Anopheles sinensis*)、日月潭按蚊(*A. jeyporiensis*)、微小按蚊(*A. minimus*)、三带喙库蚊(*Culex tritaeniorhynchus*)、淡色库蚊(*C. pipiens pallens*)、背点伊蚊(*Aedes dorsalis*)。

(6)蚋的特征。

蚋属蚋科,全世界有1200多种,我国已记载50多种。以黄毛真蚋(*Eusimulium aureohirtum*)和后宽绳蚋(*Simulium metatasale*)最常见。

蚋体较小,体长为2~5 mm,粗短,黑色或褐色,背驼、翅宽,刺吸式口器,虫体分头、胸和腹3个部分(图6.14)。头部半球形,复眼大,有1对短而分节的触角和1支短喙。胸部分为前胸、中胸和后胸3节,前、后胸小,中胸发达,中胸上有1对透明的宽翅,其前缘域翅脉明显,还有3对粗短的足。腹部分成11节,第9至11节特化为外生殖器。

图6.14　蚋(引自杨光友,2009)

(7)蠓的特征。

蠓属蠓科,全世界已知有4000多种,与兽医关系密切的有库蠓属(*Culicoides*)、拉蠓属(*Lasiohelea*)及细蠓属(*Leptoconops*),以库蠓属最为常见。常见种类有虚库蠓(*C. schultzei*)、哮库蠓(*C. arakawai*)、原野库蠓(*C. homotomus*)、日本库蠓(*C. nipponensis*)和异域库蠓(*C. peregrinus*)。

蠓体较小,体长为1~3 mm,黑色或灰褐色,短的刺吸式口器。虫体分头、胸和腹3个部分。头部呈半球形,有1对肾状复眼,1对分节的触角。胸部分为前胸、中胸和后胸

3节，前、后胸小，中胸最发达。1对前翅发达，1对后翅退化为平衡棒，翅上有密布细毛，且多数翅面有暗斑和明斑。有3对细长的足，后足粗，足各节上有鬃或毛。腹部分成10节，各节表面有鬃或毛。

【文献拓展】

1. 徐杰. 肉牛皮蝇蛆病的流行病学、鉴别诊断与防治[J]. 现代畜牧科技，2019(5)：88-89.

2. 章建荣. 肃南县羊鼻蝇的流行特点及防治办法[J]. 畜牧兽医杂志，2014，33(6)：121-122.

3. 陈传伟，高超群，沈阳，等. 永城市疟疾媒介中华按蚊种群、密度及变化趋势[J]. 河南预防医学杂志，2020，31(9)：688-690.

4. 甯媛，段琛，常琼琼，等. 库蠓亚属6种库蠓翅形变化分析及亲缘关系探讨[J]. 环境昆虫学报，2020，42(1)：147-151.

第七章　畜禽原虫病病原形态学诊断

原虫属原生动物亚界，是一类单细胞真核动物，代表着动物进化的原始状态。畜禽原虫的种类繁多，可寄生于动物的肠道、血液、生殖道和组织等部位，会严重破坏寄生组织细胞，影响动物的健康和经济性能，其中某些人兽共患原虫还会寄生于人体，危害人体健康，严重时甚至有生命危险。

实验16　原虫检查技术

【实验目的】

掌握肠道、血液、组织和生殖道内原虫的常用实验室检查技术的操作步骤。

【实验材料】

1. 实验样品

可疑动物的血液、生殖道分泌物、肠内容物或粪便、受检组织。

2. 实验器材

光学显微镜、挂图、载玻片、盖玻片、投影仪、铜筛（60～80目）或纱布、吸管、烧杯或搪瓷缸、牙签、细玻璃棒、青霉素瓶、离心管、滴管、酒精灯、离心机、金属吊环等。

3. 实验试剂

饱和食盐水溶液、生理盐水、蒸馏水、吉姆萨染色液、碘液、石炭酸复红染色液、10%硫酸溶液、20 $g \cdot L^{-1}$孔雀绿液等。

【实验方法】

1.肠道内原虫检查

(1)生理盐水直接涂片法。

取一干净的载玻片,做好标记,中央滴一滴生理盐水,用牙签取米粒大小的肠内容物或粪便,在生理盐水中涂抹均匀,剔除粗大颗粒和纤维,盖上盖玻片,在显微镜下进行检查。先在低倍物镜下观察,如结构不清或可疑,再在高倍物镜下进一步观察。该方法适用于原虫卵囊和滋养体检查。

(2)碘液染色直接涂片法。

在上述载玻片上滴加一滴碘液,再在显微镜下观察;也可先将碘液滴在载玻片上,挑取少量粪便在碘液中涂匀,去除大颗粒和粗纤维后,加盖玻片在显微镜下观察。本法可用于检查原虫包囊。

(3)饱和食盐水漂浮法。

挑取枣核或蚕豆大的肠内容物或粪便,放入青霉素瓶中,加入少量饱和食盐水溶液(约1/3),用竹签捣碎并充分搅拌;继续滴加饱和食盐水至瓶口,改用滴管继续滴加至液面略高出瓶口但不溢出,呈半球形;静置15~20 min;用盖玻片或载玻片轻轻接触液面,垂直向上提起,快速翻转,盖片镜检。本法适用于原虫卵囊、滋养体检查。

(4)离心漂浮法。

取5~10 g肠内容物或粪便,放入小搪瓷缸或烧杯中,用细玻璃棒搅碎后加入10倍生理盐水,混合均匀后用滤网或单层纱布过滤到另一个搪瓷缸或烧杯中,再将滤液慢慢倒入离心管中,1500~2000 $r\cdot min^{-1}$离心2~3 min,取出后倒去上清液,留下管底沉淀物,加入少许饱和食盐水搅拌均匀,再继续加入适量饱和溶液,再离心一次,取出离心管,利用金属吊环蘸取表面液体置于载玻片上,加盖玻片,在显微镜下检查。本法适用于原虫卵囊、滋养体检查。

(5)改良抗酸染色法。

在载玻片上进行肠内容物或粪便抹片,待干燥后火焰固定;滴加石炭酸复红染色液,1.5~10 min后水洗;滴加10%硫酸溶液,1~10 min后水洗;滴加20 $g\cdot L^{-1}$孔雀绿溶液,1 min后水洗;待晾干后置于显微镜下观察。本法适用于隐孢子虫卵囊检查,卵囊为玫瑰红色,其他颗粒染成蓝黑色。

2.血液内原虫检查

(1)鲜血压滴标本检查。

将采出的新鲜血液滴在洁净的载玻片上,加等量生理盐水混合,盖上盖玻片,立即用低倍物镜检查，发现有运动的可疑虫体时可换高倍物镜检查。由于虫体未染色，检查时应使视野中的光线弱些。本法适用于伊氏锥虫和支原体（旧称附红细胞体）检查。

（2）涂片染色检查法。

采血滴于洁净载玻片一端，另取一边缘光滑的载玻片作为推片，将此推片置于血滴前方，然后向稍后移动触及血滴，使血液均匀分布于两玻片之间，形成一线；让推片与血片成30°～45°角平稳前推。使血液接触面均匀，即成薄的血片；立即在流动空气中干燥，防止血球皱缩或破裂；加甲醇固定2 min，并在空气中干燥；将血片浸于10份蒸馏水加1份吉姆萨染液稀释的染色缸中30 min，或将蒸馏水与染液按照2∶1稀释好的染色液直接滴加于血片上染色10 min；血片取出后，用洁净的水冲洗，待晾干后油镜镜检。本法适用于所有血液内原虫的检查。

3.组织内原虫检查

有些原虫寄生在动物的不同组织中，一般取相应部位的一块组织，以其切面在载玻片上做抹片或触片，或将小块组织固定后做成组织切片，利用吉姆萨染色法染色镜检。例如，弓形虫可取肝脏、肺脏、淋巴结、脑组织或视网膜等检查包囊和滋养体，生前取腹水检查滋养体；泰勒虫采集体表淋巴结检查裂殖体（即柯赫氏蓝体或石榴体）；住白细胞虫取肌肉或脾脏病变组织检查裂殖体；球虫刮取肠黏膜观察各个体内发育阶段；卡氏肺孢菌（旧称卡氏肺孢子虫）取肺组织检查包囊。

4.生殖道原虫检查

（1）牛胎儿毛滴虫检查。

采集母畜阴道内黏液、公牛包皮冲洗液或流产胎儿的第4胃内容物、胸水、腹水；立即将病料置于载玻片上，防止病料干燥；对黏稠的阴道黏液检查前以生理盐水稀释2～3倍，羊水或包皮冲洗液最好先离心沉淀后检查沉淀物。未染色标本主要观察活动的虫体，在显微镜下能见到长度略大于一般白血球的虫体，能清晰看到波动膜，有时可以看到鞭毛和虫体内含有圆形或椭圆形折光性很强的核。

收集标本也可以固定后制作成永久染色标本。先取含虫的阴道分泌物于载玻片上，立即用20%福尔马林蒸汽固定，熏1 h左右，然后取出晾干，用甲醇固定2 min，接着用吉姆萨染色法染色，水洗，晾干，油镜镜检。

（2）马媾疫锥虫检查。

用事先吸入适量2%生理盐水的注射器抽取浮肿液和皮肤丘疹液，或刮取母马阴道刮取物或公马尿道黏膜，做成压滴标本直接镜检或抹片标本染色镜检。

【注意事项】

1.肠内原虫检查时,肠内容物或粪便应新鲜;粪便或内容物应搅碎后再过滤;直接涂片时厚度要以透过粪膜隐约可辨认报纸上的字迹为宜;碘染时碘液不宜太多、太浓,否则会影响检查结果。

2.血液内原虫检查时,配制染色液时必须充分研磨;采血前先用酒精棉消毒待干,避免皮屑污染血片和酒精溶血;采血时应注意虫体高潮时间;涂片时血膜不宜过厚;血片需充分干燥后再进行固定,避免血膜脱落。

3.阴道内原虫检查时应尽量避免污染,采集后尽快检查,冲洗时使用无金属离子的生理盐水,避免损伤虫体。

4.组织内原虫检查时,应根据原虫寄生部位采集样品。

【思考题】

1.分析如何制作染色效果好且无杂质的血液涂片。

2.用铅笔绘出在显微镜下观察到的原虫,并标明主要内部结构。

【参考阅读】

1.饱和食盐水漂浮法的原理

利用密度大的饱和食盐水使密度小的原虫卵囊或滋养体漂浮在溶液表面,从而达到集卵目的。

2.溶液配制

(1)饱和食盐水溶液。

称取食盐400 g至烧杯中,加水1000 mL,在电磁炉上加热溶解。

(2)改良抗酸染液配方。

石炭酸复红染色液:碱性复红4 g,95%酒精20 mL,石炭酸8 mL,蒸馏水100 mL。

10%硫酸溶液:纯硫酸10 mL,蒸馏水90 mL,边搅拌边将硫酸缓慢倾入水中。

20 g·L^{-1}孔雀绿液:20 g·L^{-1}孔雀绿原液1 mL,蒸馏水10 mL。

(3)吉姆萨染色液配制。

准备吉姆萨染色粉0.5 g、中性纯甘油25 mL和无水中性甲醇25 mL。先将吉姆萨染色粉置于研钵中,加入少量甘油充分研磨,再加甘油研磨,直至甘油全部加完为止;将其倒入棕色小口试剂瓶中,在研钵中加入少量甲醇以冲洗甘油染液,冲洗液仍倒入上述瓶中，再加甲醇再洗再倒入，直至25 mL甲醇全部用完为止；塞紧瓶盖，充分摇匀，将瓶置于65 ℃温箱中24 h或室温3～5 d，并不时摇动，然后过滤到棕色小口试剂瓶中。

（4）碘液配制。

称取碘片2.0 g和碘化钾4.0 g，溶于1000 mL蒸馏水。

实验17

畜禽球虫的形态学观察

【实验目的】

1.掌握艾美耳属、等孢属、泰泽属和温扬属球虫卵囊的一般形态结构。

2.通过显微镜识别鸡、鸭、鹅、兔、猪、牛和羊粪便中重要球虫卵囊的基本形态和结构，了解其寄生部位，准确诊断这些动物的球虫病。

【实验材料】

1.实验标本

(1)卵囊标本。

鸡、鸭、鹅、兔、猪、牛和羊常见球虫卵囊玻片标本，保存卵囊悬液、动物新鲜粪便标本。

(2)浸渍标本。

患球虫病鸡的盲肠、小肠，患球虫病兔的肝脏、小肠等浸渍标本。

2.实验器材

显微镜(具备10倍目镜、低倍和高倍物镜)、挂图、载玻片、盖玻片、投影仪等。

3.实验试剂

饱和食盐水溶液等。

【实验方法】

对于卵囊玻片标本，利用显微镜在低倍和高倍物镜下直接对玻片标本进行观察；对于保存卵囊悬液，可在洁净的载玻片中央直接加一滴卵囊悬液，也可先在载玻片中央加一滴饱和食盐水溶液，再加一滴卵囊悬液混匀，盖上盖玻片，置于显微镜下观察；对于动物新鲜粪便，可采用直接涂片法或饱和食盐水漂浮法进行观察。显微镜镜检时应重点观察艾美耳属、等孢属、泰泽属和温扬属球虫卵囊的一般形态结构和不同球虫种类的大小及独特结构特征。

【注意事项】

1. 球虫卵囊需要在显微镜下观察，先用低倍物镜找到视野，再换高倍物镜观察结构，种类鉴定需要观察孢子化卵囊。

2. 观察大体浸渍标本时，要轻拿轻放，爱护实验标本。注意观察标本瓶上的标签信息，应与球虫致病特征联系起来。

【思考题】

1. 比较艾美耳属、等孢属、温扬属、泰泽属球虫孢子化卵囊的形态学差异。

2. 绘制在显微镜下观察到的球虫卵囊，并标明各个形态结构。

【参考阅读】

1. 球虫概述

通常在畜禽粪便中见到的是球虫的卵囊阶段，常为圆形、椭圆形或卵圆形，多无色或灰白色，有些种为黄色、红色或棕色。新排出的卵囊为未孢子化卵囊，由卵囊壁和原生质团两部分组成，卵囊壁因种不同而厚薄不一，或光滑或粗糙，有些种类的卵囊还有卵膜孔、极帽等构造；未孢子化卵囊在外界进一步发育为孢子化卵囊，除卵囊壁、卵膜孔、极帽等结构外，卵囊内会形成孢子囊和子孢子，不同属球虫的孢子囊和子孢子数目不同，艾美

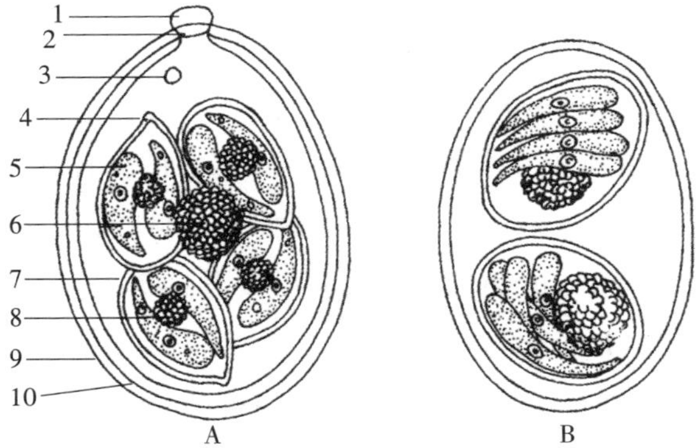

图 7.1　艾美尔属球虫卵囊（A）和等孢属球虫卵囊（B）（引自李国清，1999）

1. 极帽　2. 卵膜孔　3. 极粒　4. 斯氏体　5. 子孢子　6. 卵囊残体　7. 孢子囊　8. 孢子囊残体　9. 卵囊壁外层　10. 卵囊壁内层

耳属内含4个孢子囊，每个孢子囊内含2个子孢子；等孢属内含2个孢子囊，每个孢子囊内含4个子孢子；温扬属内含4个孢子囊，每个孢子囊含4个子孢子；泰泽属无孢子囊，内含8个裸露子孢子。此外，孢子化卵囊内还含有极粒、斯氏体、卵囊残体、孢子囊残体（图7.1）。

2.鸡球虫

鸡球虫隶属于艾美耳属，公认有7个种（图7.2）。

（1）柔嫩艾美耳球虫（*Eimeria tenella*）。

柔嫩艾美耳球虫是鸡体致病力最强的一种球虫，寄生于鸡的盲肠上皮细胞。卵囊多为宽卵圆形，少数为椭圆形，大小为（19.5～26.0）μm×（16.5～22.8）μm，平均为22.0 μm×19.0 μm。卵囊指数为1.16，无卵膜孔和卵囊残体，原生质呈淡红褐色，卵囊壁呈淡绿色，有斯氏体，但无孢子囊残体。

（2）毒害艾美耳球虫（*E. necatrix*）。

毒害艾美耳球虫是小肠球虫中致病性最强的种，寄生于鸡的小肠中1/3段，尤其是卵黄蒂前后。卵囊卵圆形、椭圆形或球形，大小为（13.2～22.7）μm×（11.3～18.3）μm，平均为20.4 μm×17.2 μm。卵囊指数为1.19，卵囊壁光滑，无色，原生质灰褐色，无卵膜孔和卵囊残体，具斯氏体，无孢子囊残体。

（3）堆型艾美耳球虫（*E. acervulina*）。

堆型艾美耳球虫主要寄生于十二指肠和空肠，卵囊中型，多为窄卵圆形，大小为（17.7～20.2）μm×（13.7～16.3）μm，平均为18.3 μm×14.6 μm。卵囊指数为1.25，卵囊壁淡黄绿色，无卵膜孔，具斯氏体，无卵囊和孢子囊残体。

（4）布氏艾美耳球虫（*E. brunetti*）。

布氏艾美耳球虫主要寄生于小肠后部、盲肠近端和直肠，卵囊大小为（20.7～30.3）μm×（18.1～24.2）μm，平均为24.6 μm×18.80 μm。卵囊指数为1.31，有卵膜孔，无残体，有极粒。

（5）巨型艾美耳球虫（*E. maxima*）。

巨型艾美耳球虫主要寄生在小肠中段，是鸡体最大的一种球虫卵囊。卵囊卵圆形，囊壁光滑，有时稍粗糙，多为黄色，无卵膜孔和卵囊残体，具斯氏体，大小为（21.5～40.7）μm×（16.5～20.8）μm，平均为30.5 μm×20.7 μm，卵囊指数为1.47。

（6）和缓艾美耳球虫（*E. mitis*）。

和缓艾美耳球虫主要寄生于小肠前段，小型卵囊，亚球形或球形，大小为（11.7～18.7）μm×（11.0～18.0）μm，平均为15.60 μm×14.2 μm。卵囊指数为1.09，卵囊壁光滑，淡黄绿色，无卵膜孔，具斯氏体，无残体。

(7)早熟艾美耳球虫(*E. praecox*)。

早熟艾美耳球虫主要寄生在小肠前1/3部位，卵囊较大，以椭圆形为主，少数卵圆形或近似球形，大小为(19.8～24.7)μm×(15.7～19.8)μm，平均为21.3 μm×17.1 μm。卵囊指数为1.24，卵囊壁光滑，淡绿色，无卵膜孔，具斯氏体，无孢子囊残体。

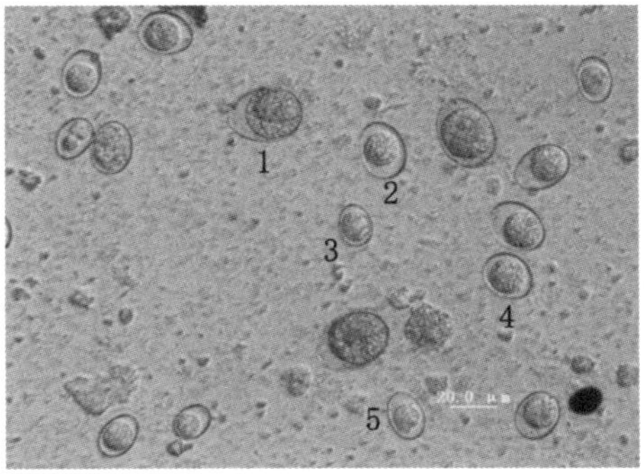

图7.2　某鸡场粪便中分离的多种艾美耳球虫卵囊(引自闫文朝,2018)

1.巨型艾美耳球虫　2.布氏艾美耳球虫　3.堆形艾美耳球虫
4.柔嫩艾美耳球虫　5.毒害艾美耳球虫

3.鸭球虫

鸭球虫隶属于泰泽属和温扬属(图7.3)，对北京鸭有致病力的有2个种。

(1)毁灭泰泽球虫(*Tyzzeria perniciosa*)。

毁灭泰泽球虫寄生于小肠前端，致病力强。卵囊椭圆形，浅绿色，无卵膜孔，大小为(9.2～13.2)μm×(7.2～9.9)μm，平均为11 μm×8.8 μm，卵囊指数为1.2，无孢子囊，8个裸露的子孢子呈香蕉形。

(2)菲莱氏温扬球虫(*Wenyonella philiplevinei*)。

菲莱氏温扬球虫寄生于小肠，致病力弱。卵囊卵圆形，浅绿色，外层薄而透明，内层浅蓝，大小为(13.3～22)μm×(10～12)μm，平均为17.2 μm×11.4 μm，卵囊指数为1.5，孢子化卵囊内含4个孢子囊，孢子囊呈瓜子形，具斯氏体，每个孢子囊内含有4个子孢子。

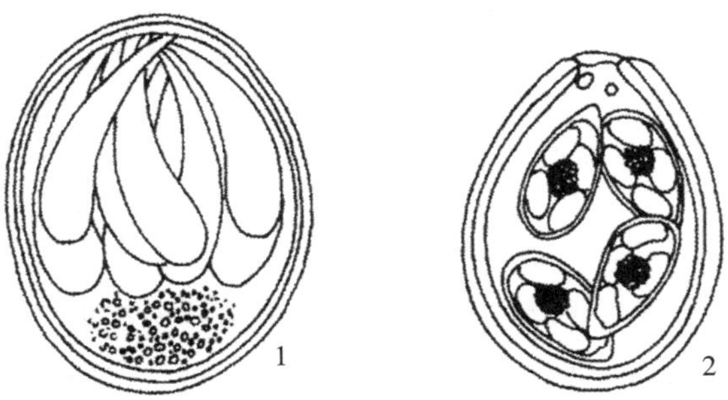

图7.3　鸭球虫卵囊(引自汪明,2003)

1.毁灭泰泽球虫　2.菲莱氏温扬球虫

4. 兔球虫

兔球虫主要隶属于艾美耳属，有16个种，除了斯氏艾美耳球寄生于胆管上皮细胞内，其他种类均寄生于肠黏膜上皮细胞内(图7.4)。孢子化卵囊一般呈椭圆形，淡黄色，含4个孢子囊，每个孢子囊内含2个橘瓣形子孢子。

(1)斯氏艾美耳球虫(*E. stiedai*)。

斯氏艾美耳球虫致病力最强，卵囊较大，椭圆形，橙红色，具卵膜孔，大小为(26～40)μm×(16～25)μm。

(2)肠艾美耳球虫(*E. intestinalis*)。

肠艾美耳球虫致病力较强，寄生于除十二指肠外的小肠，卵囊长梨形，窄端具卵膜孔，孢子化卵囊内有明显外残体，卵囊大小为(24.7～31)μm×(17.8～23.3)μm。

(3)黄艾美耳球虫(*E. flavescens*)。

黄艾美耳球虫致病力强，寄生于小肠后段、盲肠及大肠，卵囊卵圆形，黄色，囊壁光滑，具卵膜孔，卵囊大小为(25～37)μm×(14～24)μm。

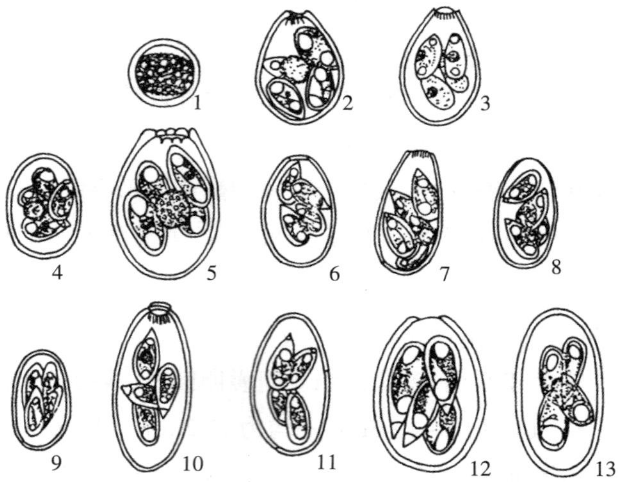

图7.4 兔艾美耳球虫孢子化卵囊形态(引自汪志凯和蒋金书，2000)

1. 小型艾美耳球虫 2. 肠艾美耳球虫 3. 梨形艾美耳球虫 4. 穿孔艾美耳球虫 5. 大型艾美耳球虫 6. 松林艾美耳球虫 7. 盲肠艾美耳球虫 8. 中型艾美耳球虫 9. 纳格浦尔艾美耳球虫 10. 长型艾美耳球虫 11. 斯氏艾美耳球虫 12. 无残艾美耳球虫 13. 新兔艾美耳球虫

5. 猪球虫

目前，多数学者认为寄生于猪的球虫包括艾美尔属8个种和等孢属1个种(图7.5)，即粗糙艾美耳球虫(*E. scabra*)、光滑艾美耳球虫(*E. polita*)、极细艾美耳球虫(*E. perminuta*)、蒂氏艾美耳球虫(*E. debliecki*)、猪艾美耳球虫(*E. suis*)、种猪艾美耳球虫(*E. porci*)、有刺艾美耳球虫(*E. spinosa*)、新蒂氏艾美耳球虫(*E. neodebliecki*)和猪等孢球虫(*Isospora suis*),其中猪等孢球虫致病性最强。

猪等孢球虫:卵囊呈球形或亚球形,卵囊壁光滑且较薄,无色,孢子囊形成后囊壁常破裂,无卵膜孔,大小为(18.7 ~ 23.9)μm×(16.9 ~ 20.1)μm,平均为21.2 μm×19.1 μm,卵囊指数平均为1.18,无极粒,无卵囊残体,孢子化卵囊内含2个孢子囊,无斯氏体,每个孢子囊内含4个子孢子,子孢子呈腊肠形或香蕉形,有孢子囊残体。

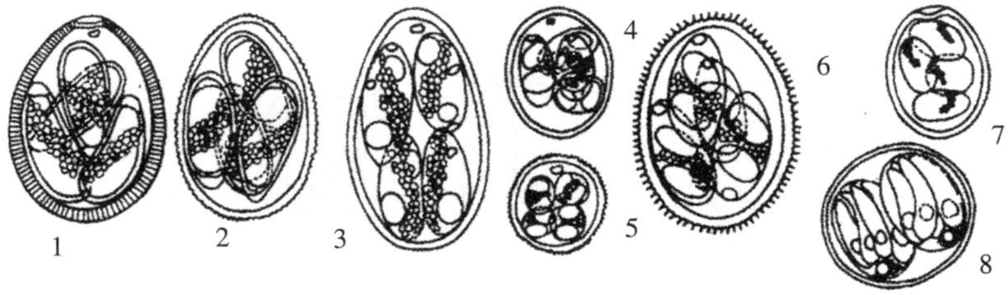

图7.5　猪的各种球虫孢子化卵囊(引自李国清,1999)

1.粗糙艾美耳球虫　2.蠕孢艾美耳球虫　3.蒂氏艾美耳球虫　4.猪艾美耳球虫
5.有刺艾美耳球虫　6.极细艾美耳球虫　7.豚艾美耳球虫　8.猪等孢球虫

6.羊球虫

羊球虫隶属于艾美耳属。迄今被命名的山羊球虫有17种,被公认的只有9种(图7.6),其中致病性最强的是雅氏艾美耳球虫(*E. ninakohlyakimovae*),其次为阿氏艾美耳球虫(*E. arloingi*)和山羊艾美尔球虫(*E. hirci*);被命名的绵羊球虫有16种,但被公认的仅11种,其中致病性最强的是类绵羊艾美耳球虫(*E. ovinoidalis*),其次为槌形艾美耳球虫(*E. crandallis*)。

(1)雅氏艾美耳球虫。

卵囊卵圆形或短椭圆形,平均大小为22.5 μm×16.7 μm,无卵囊残体和极帽,卵膜孔不明显,有孢子囊残体,斯氏体较小。

(2)阿氏艾美耳球虫。

卵囊卵圆形或稍卵圆形,平均大小为28.2 μm×19.8 μm,无卵囊残体,有卵膜孔和圆拱形极帽,有孢子囊残体,无斯氏体。

(3)山羊艾美尔球虫。

卵囊卵圆形或椭圆形,平均大小为30.74 μm×23.66 μm,无卵囊残体和极帽,卵膜孔较宽,有孢子囊残体和斯氏体。

(4)类绵羊艾美耳球虫。

卵囊短椭圆形,平均大小为23.6 μm×18.6 μm,无卵囊残体和极帽,卵膜孔不明显,有孢子囊残体和斯氏体。

(5)槌形艾美耳球虫。

卵囊亚球形,平均大小为23.5 μm×18.5 μm,无卵囊残体,有卵膜孔,极帽不明显,有孢子囊残体,无斯氏体。

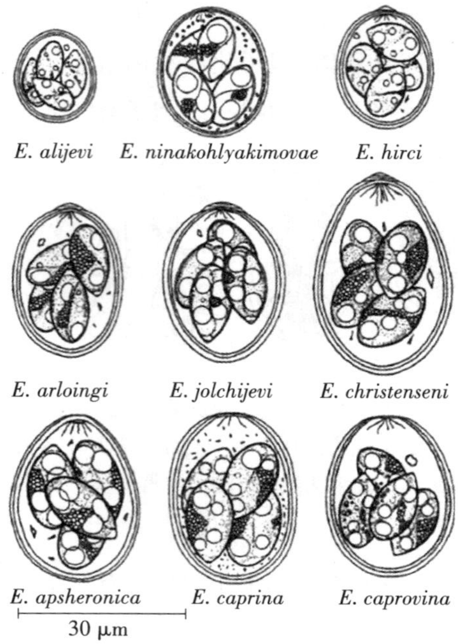

图7.6 公认的9种山羊球虫孢子化卵囊形态
(引自郝桂英,2017)

7. 牛球虫

目前,文献报道了10种牛的球虫(图7.7),包括9种艾美耳属的球虫和阿沙卡等孢球虫(*Isospora akscaica*)。其中,邱氏艾美耳球虫(*E. zuernii*)致病力最强,牛艾美耳球虫(*E. bovis*)致病力较强。

(1)邱氏艾美耳球虫。

卵囊呈亚球形或短椭圆形,无色或淡黄色,无卵膜孔,卵囊大小为(17.0～20.0)μm×(14.0～17.0)μm,平均卵囊指数为1.19。无卵囊残体和极粒,有1个小的斯氏体和颗粒状孢子囊残体。

(2)牛艾美耳球虫。

卵囊为卵圆形,囊壁2层,外层无色,内层淡黄褐色,锐端有一卵膜孔,卵囊大小为(17.0～29.0) μm×(20.0～21.0) μm,无卵囊残体和极粒,孢子囊残体颗粒状,斯氏体较明显。

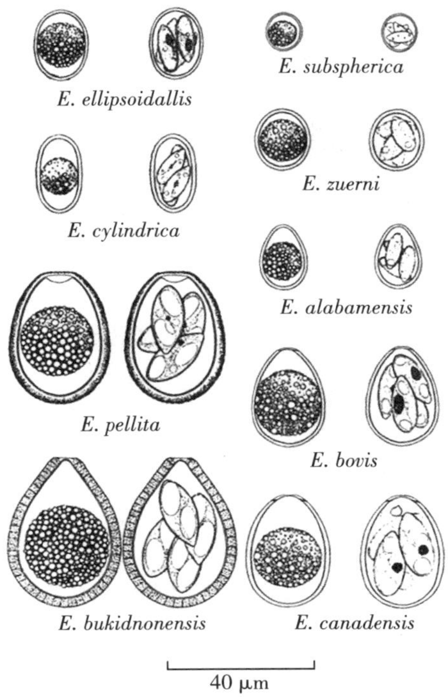

图7.7　牛球虫的孢子化卵囊和未孢子化卵囊
（引自Joyner等，1966）

8.鹅球虫

已报道的鹅球虫有16种（图7.8），隶属于艾美耳属、等孢属和泰泽属，其中以寄生于肾小管的截形艾美耳球虫（*E. truncata*）致病性最强，其次寄生于肠道的鹅艾美耳球虫（*E. anseris*）和柯氏艾美耳球虫（*E. kotlani*）的致病性较强。

（1）截形艾美耳球虫。

卵囊卵圆形，具有截锥形的一端有卵膜孔和极帽，囊壁光滑、无色、脆弱，卵囊大小为（14～27）μm×（12～22）μm，平均为21.3 μm×16.7 μm，有孢子囊残体和卵囊残体。

（2）鹅艾美耳球虫。

卵囊近似圆形或梨形，大小为（16.0～24.0 μm）×（13.0～19.0）μm，卵囊指数为1.28，囊壁单层，光滑无色，狭窄截平端有卵膜孔，无极粒，卵囊残体似一块状不规则塞状物，位于卵膜孔下方，有模糊不清的孢子囊残体。

（3）柯氏艾美耳球虫。

卵囊长椭圆形，一端椭圆，一端较窄小，顶部截平，内有一唇状结构，囊壁2层，淡黄色，有卵膜孔，卵囊大小为（27.0～32.8 μm×（20.0～22.0）μm，平均为29.27 μm×21.3 μm，无卵囊残体，有孢子囊残体。

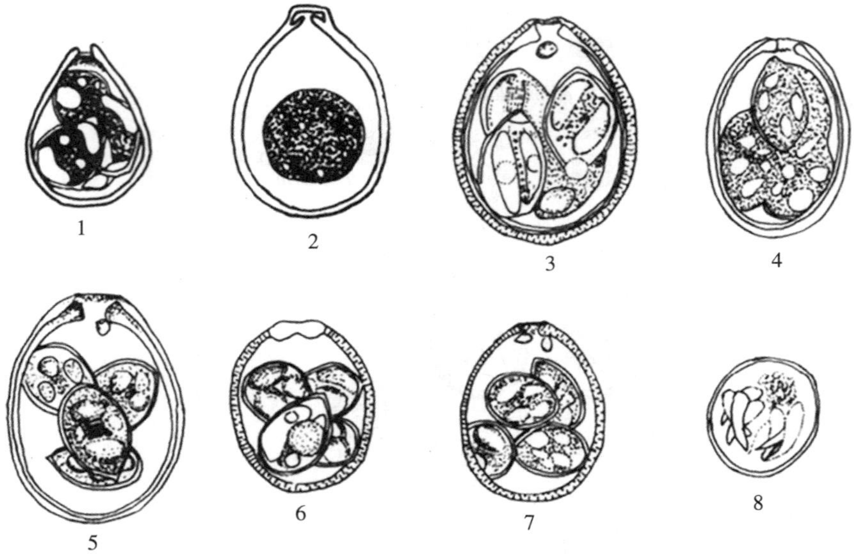

图7.8 常见鹅球虫孢子化卵囊形态

(引自谢明权,1985;引自蒋金书,2000)

1.鹅艾美耳球虫 2.瓶形艾美耳球虫 3.黄褐艾美耳球虫 4.哈氏艾美耳球虫 5.柯氏艾美耳球虫 6.大唇艾美耳球虫 7.斑点艾美耳球虫 8.微小泰泽球虫

【文献拓展】

1.李复煌,于童,苏山春,等.北京地区奶牛球虫感染情况调查[J].中国兽医杂志,2018,54(12):3-5,9.

2.Lucia O, Marcos A B S, Naiara M M, et al. Morphological and epidemiological data on *Eimeria* species infecting small ruminants in Brazil[J].*Small Ruminant Research*,2019,171:37-41.

实验18

畜禽其他重要原虫的形态学观察

【实验目的】

1. 掌握伊氏锥虫、巴贝斯虫、泰勒虫、隐孢子虫、肉孢子虫、小袋纤毛虫的基本形态和结构。

2. 通过光学显微镜观察并识别这几种原虫的形态学差异与特征，了解其寄生部位及传播媒介，能准确诊断这几种原虫病。

【实验材料】

1. 实验标本

(1)玻片染色标本。

伊氏锥虫、双芽巴贝斯虫、牛巴贝斯虫、卵圆巴贝斯虫、驽巴贝斯虫、吉氏巴贝斯虫、莫氏巴贝斯虫、环形泰勒虫、马泰勒虫、瑟氏泰勒虫、山羊泰勒虫、隐孢子虫等的标本。

(2)组织切片标本。

肉孢子虫包囊、小袋纤毛虫等的标本。

(3)浸制标本。

球虫卵囊液、隐孢子虫等的标本。

2. 实验器材

生物显微镜、擦镜纸、挂图、载玻片、盖玻片、投影仪等。

3. 实验试剂

香柏油、二甲苯。

【实验方法】

对于血液内原虫染色玻片标本，先用低倍物镜(40倍)找出虫体的位置，并在虫体部位滴一滴香柏油，然后采用高倍物镜（100倍）显微镜进行观察。组织切片玻片标本，先用物镜（10倍）找到虫体，再用物镜（40倍）细致观察。卵囊液标本，取卵囊液一滴，滴于载玻片上，并盖上盖玻片，置于油镜下观察。观察时应注意其形态特征及大小，比较各种原虫的独特特征，重点观察其局部构造特征。

【注意事项】

1. 使用油镜时注意，必须先用低倍镜和高倍镜观察，再用油镜观察虫体的结构特征。

2. 油镜镜头使用后，应立即用擦镜纸蘸取少量95%酒精擦净镜头上的油，再用擦镜纸蘸少量二甲苯轻轻擦拭镜头。

3. 观察完玻片染色标本后，应立即用擦镜纸蘸少量二甲苯轻轻擦拭玻片，接着换用另一擦镜纸擦玻片至干净。

【思考题】

1. 在观察血涂片时，如何鉴别巴贝斯虫的种类？

2. 列表比较双芽巴贝斯虫、牛巴贝斯虫、卵圆巴贝斯虫、驽巴贝斯虫、吉氏巴贝斯虫和莫氏巴贝斯虫的主要鉴别点。

3. 用铅笔绘出伊氏锥虫、环形泰勒虫石榴体的结构图，并标出其结构特征。

【参考阅读】

1. 伊氏锥虫（*Trypanosoma evansi*）

虫体呈细长柳叶状或纺锤状，虫体内原生质较多，呈淡蓝色，大小为（18～34）μm×（1～2）μm，虫体前端比后端尖。细胞核呈椭圆形，淡紫色，位于虫体中央。动基体位于虫体后部，距虫体后端约1.5 μm，由生毛体和副基体组成，其中生毛体位于副基体之前，鞭毛由生毛体生出，并沿着虫体表面向前延伸为游离鞭毛，长约6 μm，鞭毛沿虫体部分与波动膜相连（图7.9）。

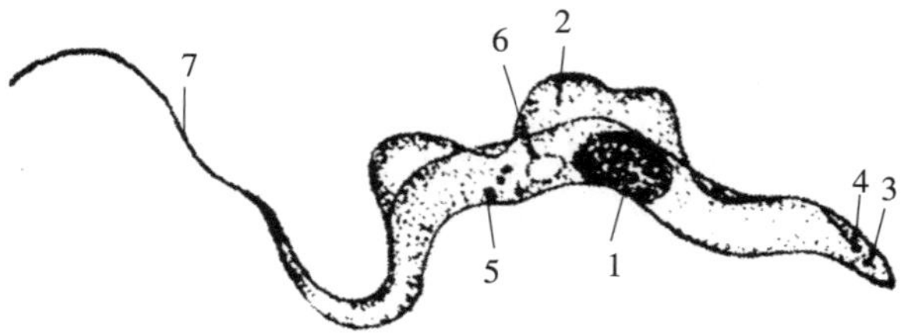

图7.9 伊氏锥虫（引自秦建华，2015）

1.核 2.波动膜 3.动基体 4.生毛体 5.颗粒 6.空泡 7.游离鞭毛

2. 巴贝斯虫

(1)双芽巴贝斯虫(*Babesia bigemina*)。

大型虫体,长度大于红细胞半径,形态有环形、圆形、椭圆形、梨籽形(单个或成对)和变形虫形等。典型虫体为双梨籽形,尖端以锐角相连(图7.11)。虫体染色质多为2团,位于虫体边缘。虫体原生质呈浅蓝色,边缘较深,中部淡染或不着色,呈空泡状的无色区。姬氏液染色后,虫体胞浆呈淡蓝色,染色质呈紫红色。绝大多数虫体位于红细胞中央,每个红细胞内有1~2个虫体。

(2)牛巴贝斯虫(*B. bovis*)。

小型虫体,其长度小于红细胞半径,形态有梨籽形(单个或成双)、圆形、椭圆形、不规则形和圆点形等。典型虫体是双梨籽形虫体以尖端相连成钝角(图7.10)。虫体位于红细胞边缘或偏中央,具有一团染色质块。每个红细胞内寄生1~3个虫体。

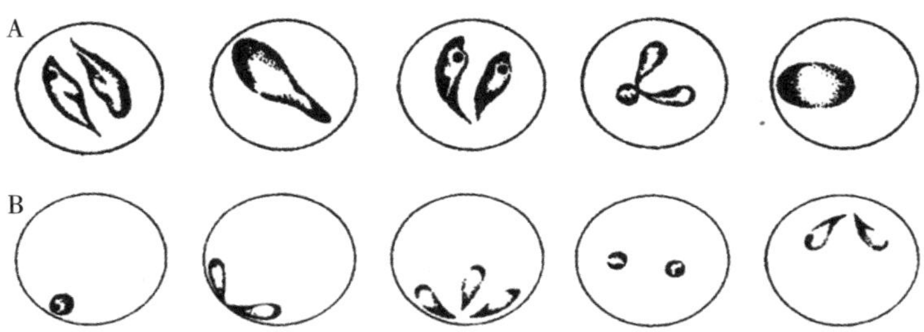

图7.10 巴贝斯虫(引自秦建华,2015)

A. 双芽巴贝斯虫 B. 牛巴贝斯虫

(3)卵圆巴贝斯虫(*B. ovata*)。

大型虫体,其长度大于红细胞半径。虫体呈梨形、卵圆形、出芽形等。典型虫体呈双梨籽形,尖端以锐角相连或不相连,位于红细胞中央。虫体中央不着色,形成空泡(图7.11)。

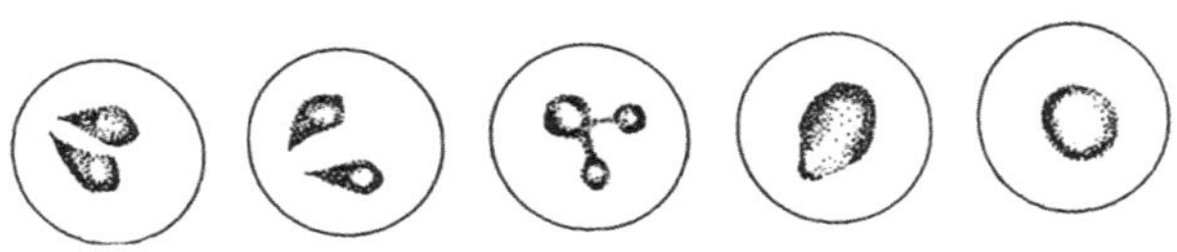

图7.11 卵圆巴贝斯虫(引自汪明,2003)

(4)驽巴贝斯虫(*B. caballi*)。

大型虫体,其长度大于红细胞半径,形态有梨籽形(单个或成双)、椭圆形和环形等,其中,椭圆形和环形虫体大小为2.13~2.84 μm,梨籽形虫体大小为2.28~4.25 μm。典型虫体是成双梨形虫体,其尖端锐角相连成锐角。虫体含2个染色质团,位于虫体两端。吉姆萨染色后,虫体细胞质呈淡蓝色,核质呈红紫色(图7.12)。

图7.12 驽巴贝斯虫(引自Wenyon,1926)

(5)吉氏巴贝斯虫(*B. gibsoni*)。

小型虫体,形态有双梨籽形、单梨籽形、圆点形、小杆形、逗点形、环形和不规则形等。虫体多位于红细胞边缘偏中央。典型虫体是双梨籽形,其中圆点形、环形和小杆形较为多见。圆点形虫体为一团染色质,吉氏液染色呈深蓝色。环形虫体小于红细胞直径的1/8,含1团或2团染色质,位于细胞质的一端,虫体细胞质呈浅蓝色包围一个空泡。小杆形虫体染色质位于两端,染色较深,中间细胞质呈巴氏杆菌样,染色较浅。一个红细胞内寄生1~13个虫体,多见于1~2个虫体寄生(图7.13)。

图7.13 吉氏巴贝斯虫(引自孔繁瑶,1997)

(6)莫氏巴贝斯虫(*B. motasi*)。

大型虫体,单个虫体大于红细胞半径,形态呈双梨籽形、单梨籽形、圆环形、棒状、逗点形、三叶形和不规则形。典型虫体是双梨籽形,尖端以锐角或钝角相连,虫体大小为(1.8~2.5) μm×(0.9~1.8) μm,红细胞感染率越高,虫体越小。虫体原生质呈浅蓝色,染色质呈紫红色位于虫体大小两端,部分仅位于宽端或边缘。部分虫体中间呈透明空泡状(图7.14)。

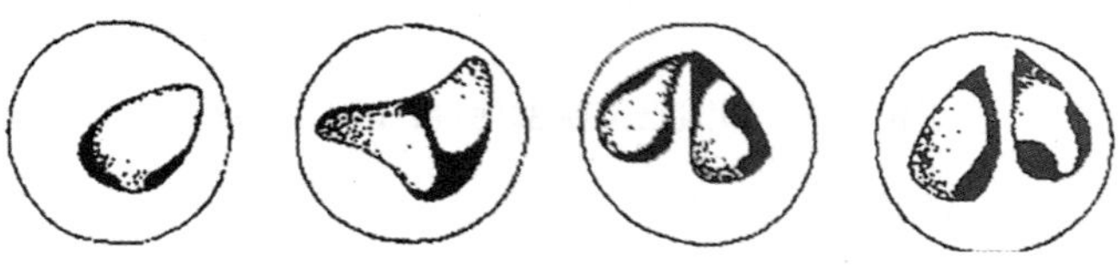

图7.14 莫氏巴贝斯虫(引自Wenyon,1926)

3.泰勒虫

(1)环形泰勒虫(*Theileria annulata*)。

血液型虫体(配子体):小型虫体,大小为0.7~2.9 μm,位于红细胞内,呈圆环形、卵圆形、梨籽形、杆形、逗点形、三叶形、圆点形、十字架形、不规则形等。典型虫体为环形，染色质位于边缘呈半月形。吉姆萨液染色后，染色质呈浅红色，原生质呈淡蓝色。每个红细胞内通常有1～6个虫体(图7.15)。

裂殖体：寄生于巨噬细胞和淋巴细胞内进行裂体增殖形成的多核虫体，又称石榴体或柯赫氏蓝体。呈圆形、椭圆形或肾形，位于细胞内或细胞外。吉姆萨液染色后，虫体胞浆呈淡蓝色，含有许多紫红色颗粒状的核。裂殖体分大、小两种类型，含数目不等的大、小裂殖子(图7.16)。

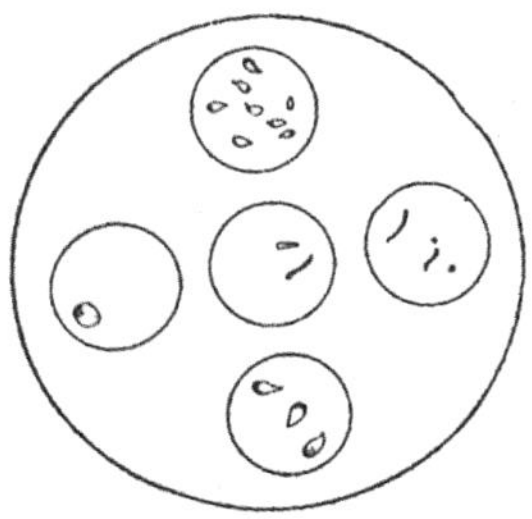

图7.15　红细胞中环形泰勒虫
(引自林孟初，1986)

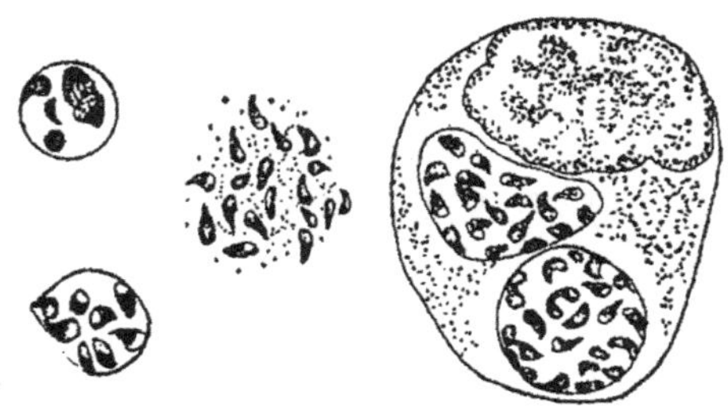

图7.16　环形泰勒虫石榴体
(引自林孟初，1986)

(2)马泰勒虫(*T. equi*)。

小型虫体，其大小不一致，长度不超过红细胞半径。呈环形、圆形、单梨籽形、椭圆形、纺锤形、钉子形、逗点形、十字形等，圆形和椭圆形虫体占多数，梨籽形少见，典型形状为4个梨籽形虫体以其尖端连成十字形。每个虫体内只有一团染色质块。虫体分为三型(依病程不同)：大型的等于红细胞半径，多出现于病的初期；中型的相当于红细胞半径的1/2，多出现于病的发展过程中；小型的相当于红细胞半径的1/4，多出现于治愈期和带虫期(图7.17)。

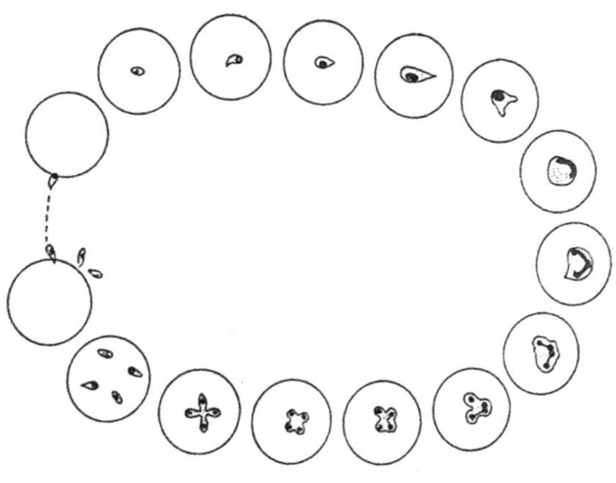

图7.17　马泰勒虫(引自Wenyon，1926)

(3)瑟氏泰勒虫(*T. sergenti*)。

虫体与环形泰勒虫相似,具有多型性,但瑟氏泰勒虫以杆形和梨籽形为主,占67%~90%,且这两种形态的比例随着病程不同发生变化(图7.18)。

图7.18　瑟氏泰勒虫(引自汪明,2003)

(4)山羊泰勒虫(*T. hirci*)。

虫体形态与牛环形泰勒虫相似。血液型虫体呈环形、椭圆形、短杆形、逗点形、钉子形、圆点形等各种形态,以圆形最多见。圆形虫体直径为0.6~1.6 μm(图7.19)。

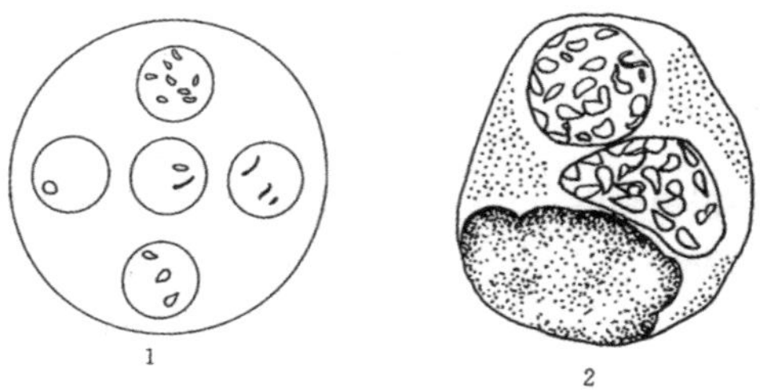

图7.19　山羊泰勒虫(引自黄兵、沈杰,2005)

1.红细胞中央体　2.淋巴细胞中央体

4.隐孢子虫

已被确认的隐孢子虫达18种,其中感染哺乳动物的隐孢子虫有11种,寄生于禽类的有3个有效种。各种隐孢子虫的卵囊结构基本相同,难以鉴别。隐孢子虫卵囊呈圆形或椭圆形,卵囊壁光滑,有裂缝。无卵膜孔、极粒和孢子囊。每个卵囊内含4个香蕉形的子孢子和1个残体,残体由1个折光体和一些颗粒组成(图7.20)。

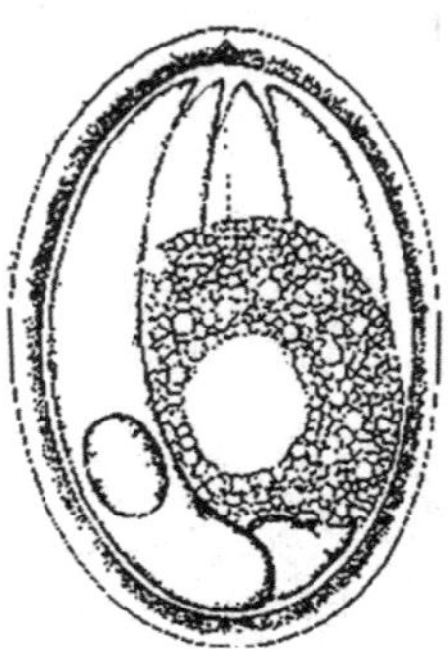

图7.20　隐孢子虫卵囊

(引自Current,1991)

5.肉孢子虫(*Sarcocystis spp*)

各种肉孢子虫的形态构造大致相似。肉孢子虫在不同发育阶段呈现不同的虫体形态,主要有包囊、裂殖体、配子体和卵囊等。包囊寄生于中间宿主的肌肉中,对终末宿主具有感染性。卵囊在终末宿主的肠道内形成,孢子化后随粪便排出体外,对中间宿主具有感染性。

(1)包囊。

寄生于动物的肌肉中,多呈纺锤形、圆柱形或卵圆形,色灰白至乳白,小的肉眼难以看到,大的可达数厘米。囊壁由两层壁组成,内壁向囊内延伸,构成很多中隔,将囊腔分为若干小室。发育成熟的包囊,小室中藏着许多肾形或香蕉形的慢殖子(滋养体),又称南雷氏小体,长为10 ~ 12 μm,宽为4 ~ 9 μm,一端稍尖,一端稍钝(图7.21)。

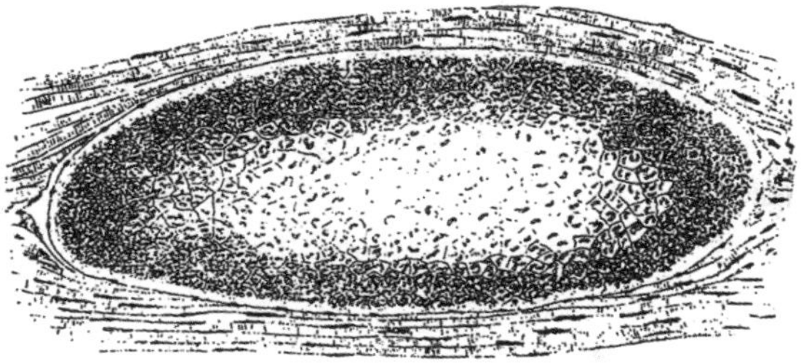

图7.21　肉孢子虫包囊(引自Dubey,1976)

(2)卵囊。

呈卵圆形或亚球形,均含有2个卵圆形的孢子囊,每个孢子囊含有4个香蕉形的子孢子和一团或散状的残余体。卵囊壁很薄,易破裂。(图7.22)

图7.22　肉孢子虫卵囊(引自Dubey,1976)

6.结肠小袋纤毛虫(*Balantidium coli*)

属于纤毛门动基裂纲毛口目小袋虫科小袋虫属。结肠小袋纤毛虫较为常见,虫体较大,形态有包囊和滋养体两种。滋养体能运动,形态呈卵圆形或梨形,淡黄色,大小为(30

~150) μm ×(25 ~ 120) μm,全身覆有纤毛。身体前端有胞口,有一大的腊肠样的主核,位于体中部,身体后端有肛孔。胞浆内含空泡和食物泡。包囊不能运动,形态呈球形或卵圆形,淡黄色,直径为40 ~ 60 μm,含两层囊膜,囊内包藏着1个虫体,有时有2个虫体处于接合状态(图7.23)。

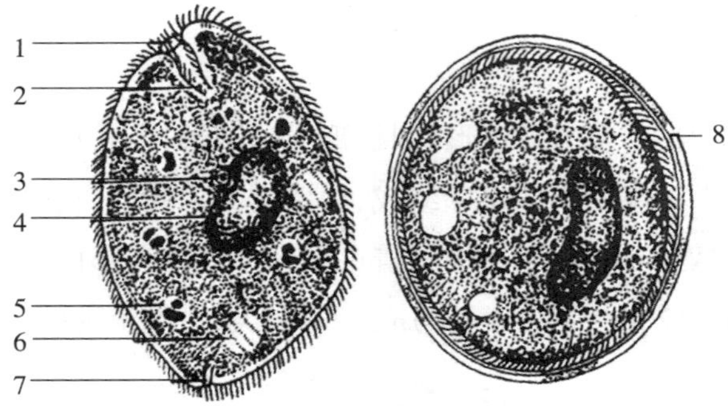

图7.23 结肠小袋纤毛虫(引自催祖让,1981)

左边:滋养体 右边:包囊

1.胞口 2.胞咽 3.小核 4.大核 5.食物泡 6.伸缩泡 7.胞肛 8.囊壁

【文献拓展】

1.张中鹏.肉牛伊氏锥虫病的流行病学、临床症状、实验室检查与防治措施[J].现代畜牧科技,2020(4):104-105.

2.高永利,郑龙.我国巴贝斯虫病流行病学研究现状[J].西北国防医学杂志,2018,39(6):365-369.

3.魏立军.羊泰勒虫病的流行病学、临床表现及防治措施[J].现代畜牧科技,2019(9):102-103.

4.陈苗,李慧,唐莉,等.微小隐孢子虫分子流行病学[J].畜牧兽医科技信息,2018(9):24-26.

第八章　寄生虫病的分子生物学诊断与免疫学诊断

随着分子生物学的快速发展，许多分子生物学技术已应用于寄生虫病的诊断和流行病学调查。已在寄生虫学上得到应用的技术有聚合酶链式反应（PCR）、随机扩增多态性DNA（RAPD）、核酸序列分析等。这些技术具有灵敏性高、特异性强的优点，为诊断寄生虫病和探索寄生虫的系统进化过程及亚种和虫株鉴别提供了更可靠的手段。

近年来寄生虫免疫学诊断技术得到不断发展，该技术具有简单、快速、灵敏性高、特异性强等优点，目前已在重要的动物寄生虫病以及人畜共患寄生虫病方面相继建立了许多免疫诊断方法，并且得到了广泛应用。

实验19　隐孢子虫病的PCR诊断技术

隐孢子虫病是由隐孢子虫（*Cryptosporidium*）感染而引起的以腹泻为主要临床症状的一种水源性人兽共患原虫病。由于隐孢子虫卵囊体积较小，显微镜下不易辨别，检出率低，而利用灵敏性高、特异性强的PCR技术可以准确检测动物源、人源隐孢子虫，为临床诊治提供可靠依据。

【实验目的】

1. 掌握粪便样本中隐孢子虫卵囊的DNA提取操作。
2. 掌握隐孢子虫的PCR扩增方法、琼脂糖凝胶电泳及结果分析等。

【实验材料】

1. 实验样本

鸡、猪、牛等动物的粪便样本。

2. 实验器具

超净工作台，微量移液器及配套枪头（200 μL、1000 μL），离心管（1.5 mL、2 mL、15 mL），高速台式离心机，涡旋振荡器，PCR仪，电泳仪，凝胶图像成像系统，高压灭菌锅，微波炉，冰箱，锥形瓶，量筒，离心管，一次性塑料吸头，一次性乳胶手套等。

3. 实验试剂

Wizard DNA clean-up systm DNA提取试剂盒、蛋白酶K、无水乙醇、双蒸水、引物、Takara公司的rTaq酶、10×PCR buffer、$MgCl_2$（25 mM）、dNTPs（2.5mM）、10×Loading Buffer、dATP、6 × loading buffer、2000 bp DNA Marker（DL2000）、50×TAE缓冲液、琼脂糖等。

【实验方法】

1. 隐孢子虫DNA提取

（1）卵囊的初步纯化。

参考Arrowood等（1987）的方法进行纯化。取10 mL玻璃离心管，先加入3.5 mL 1∶2蔗糖梯度液，再沿壁缓缓加入3.5 mL 1∶4蔗糖梯度液，最后沿壁缓缓加入经初步纯化的隐孢子虫卵囊悬液3 mL，1500×g离心15 min，然后用吸管轻轻吸出1∶2与1∶4蔗糖梯度液之间的灰白色带到另一10 mL离心管中，加PBS至10 mL，2000×g离心10 min，弃除上清液。计数经纯化的以PBS保存的隐孢子虫卵囊$1×10^6$个，置于0.5 mL Eppendorf管中，2000×g离心10 min，收集沉淀。

（2）虫体材料的裂解。

将纯化的隐孢子虫卵囊在液氮中反复冻融3次，加入270 μLSDS裂解缓冲液轻轻混匀，再加入30 μL（20 $μg·μL^{-1}$）蛋白酶K，混匀后，置于55 ℃水浴24～48 h，其间混匀多次，使虫体裂解充分。

消化反应体系：

500 mM NaCl	60 μL
100 mM Tris-Cl（pH8.0）	30 μL
50 mM EDTA（pH8.0）	150 μL
10%SDS	30 μL
50 μg/μL蛋白酶K	30 μL
	300 μL

（3）隐孢子虫DNA的抽提。

以Wizard DNA Clean-up Systm抽提消化的隐孢子虫DNA。

①5000×g离心3 min；

②取上清液移入1.5 mL离心管中，加入1 mL抽提树脂，混匀；

③将抽提柱接到5 mL一次性注射器上，将(2)中的液体转移到注射器内，推注射器活塞；

④加入2 mL 20%异丙醇洗涤树脂；

⑤10000×g离心2 min去除异丙醇；

⑥加入75 ℃水浴1× TE50 μL到抽提柱，保持1 min；

⑦将抽提柱放到1.5 mL eppendorf管，10000×g离心20 s，eppendorf管中的液体即隐孢子虫DNA模板。

2.隐孢子虫PCR扩增

(1)引物设计。

运用基因分析软件DNAstar(v5.0)分析比较GenBank中发表的隐孢子虫rDNA的序列，设计一对特异引物。本实验以安氏隐孢子虫为例，据周荣琼等(2007)设计的基于ITS-1的PCR特异性引物序列，其核苷酸序列组成如下。

CYCF:5'- TGAATATGCATCGTGATGG-3' (19 bp)

CYCR:5'- GAATATCTGGATCTTTCCCC -3' (20 bp)

预期扩增片段大小约503 bp。引物由生物公司进行合成，使用时加灭菌超纯水进行稀释，其稀释度为20 pmol·L^{-1}，分装后于-20 ℃保存备用。

(2)PCR反应。

在0.5 mL PCR专用塑料管中依次加入5 μL 10×buffer(含25 mM $MgCl_2$)、5 μL dNTP，正反向引物各2 μL(10 pmol/μL)、模板DNA 5 μL，最后加rTaq DNA聚合酶0.4 μL，用灭菌去离子双蒸水加至总体积为50 μL，混匀后在PCR扩增仪扩增。

PCR扩增反应体系：

ddH_2O	31.75 μL
10×PCR buffer	5 μL
$MgCl_2$	6 μL
dNTPs(25 mM)	4 μL
CYCF(20 pmol/μL)	1 μL
CYCR(20 pmol/μL)	1 μL
模板DNA	1 μL
rTaq酶(5U/μL)	0.25 μL
	50 μL

同时设立宿主对照和阴性对照。

PCR扩增条件：

94 ℃预变性	5 min	
94 ℃变性	30 s	35个循环
55 ℃复性	30 s	
72 ℃延伸	1 min	
72 ℃后延伸	7 min	

3.琼脂糖电泳检测

(1)琼脂糖凝胶的制备。

根据检测样本量，选择合适的凝胶制备模具和样本梳。将经微波炉充分熔解并冷却至60 ℃左右的琼脂糖凝胶缓慢倒入凝胶制备模具，插上样本梳，制成4 mm左右的凝胶，注意避免凝胶中产生气泡。室温下静置30 min，待胶凝固后，拔除样本梳，取出凝胶，放入电泳槽内，加入足量1 × TAE电泳液直至没过凝胶表面1 mm左右。

(2)点样。

用微量移液器按编号依次将6 μL PCR扩增产物和1μL 6× loading buffer吸取至洁净保鲜膜上，混合均匀，注意避免相邻样品接触。然后，依次将混合液移至电泳槽内的凝胶加样孔中，注意避免移液器枪头戳破凝胶。每行凝胶均应具有阳性对照样本产物、阴性对照样本产物和DL 2000 DNA Marker。

(3)电泳。

加完样后，合上电泳槽盖，接通电源。保持电压在110 V，电流在40 mA以上，样品由负极(黑色)向正极(红色)方向移动，当6 × loading buffer移动到距离胶板下沿约2 cm处时，停止电泳，关闭电源。

(4)凝胶成像和结果分析。

将结束电泳的琼脂糖凝胶置于紫外凝胶成像仪中，打开白光灯调整凝胶平板位置至中央区。打开紫外灯，调整曝光时间、聚焦程度等直至达到符合要求的图像出现，拍照，关闭紫外灯并保存图像。

在凝胶成像图中，检测样本的泳道中有503 bp左右清晰明亮条带出现，可判定PCR扩增产物为阳性(图8.1)；若凝胶成像电泳图中无目的条带出现或者出现条带的位置偏离503 bp，则该PCR扩增产物为阴性。注意需确定所设阴性对照PCR扩增产物无条带出现，宿主对照PCR扩增产物无目的条带出现，否则视为PCR扩增或电泳失败。

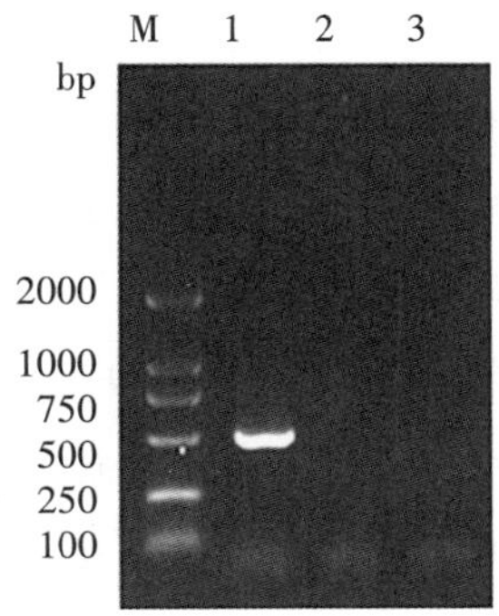

图8.1　安氏隐孢子虫ITS-1特异PCR扩增结果

M. DL 2000 DNA Marker 1. PCR扩增产物　2. 阴性对照　3. 宿主对照

【注意事项】

1. 提取DNA操作过程中，所用材料必须高压灭菌，保证无DNA污染，并做好标记。

2. PCR扩增过程中，使用微量移液器时，注意每加完一个样品或试剂后，必须更换枪头，以防交叉污染；加试剂时，要做好标记，以防加错、加重或漏加。

3. 在加样时，先加体积大的试剂，再加体积小的试剂，尤其加体积小的试剂时应该反复吹打微量移液器，使吸头内壁上黏附的成分尽可能返回PCR反应体系中。

4. 在优化PCR扩增退火温度时，首先根据上下游引物的Tm值上下浮动5 ℃来设置退火温度梯度，然后根据温度梯度PCR扩增结果来确定最佳退火温度。

5. 1×TAE缓冲液必须现配现用，电泳缓冲液和用于制胶的缓冲液必须统一。熔解琼脂糖时要煮沸，以保证琼脂糖完全熔解，否则会造成电泳图像模糊不清。

6. 制胶过程中，必须戴上手套，避免直接用手接触凝胶。废弃的胶块应放入带有生物安全标志的桶中，切勿丢入水池或者其他废弃桶中。

【思考题】

1. 与直接涂片镜检法相比，隐孢子虫病PCR检测技术具有什么优势？

2. 琼脂糖凝胶电泳的工作原理是什么？

3. PCR扩增过程中，如何优化最佳退火温度？

【参考阅读】

1. 隐孢子虫概述

隐孢子虫是一种在世界范围内广泛分布的人畜共患原虫，主要寄生于宿主胃肠道黏膜上皮细胞表面的微绒毛刷状缘的纳虫空泡内。隐孢子虫卵囊呈球形到卵圆形，内含4个裸露的子孢子，卵囊残体由许多颗粒组成球状，其内可见一大的折光球，卵囊无卵膜孔和极粒，囊壁光滑，无色并有纵缝，子孢子呈新月状，前端稍尖，后端钝圆且呈平行排列。卵囊大小为几微米，不同种大小有一定差异。

由于隐孢子虫卵囊很小，常采用饱和蔗糖溶液漂浮法收集粪便中的卵囊，需用放大至1000倍的油镜进行观察。而有一些隐孢子虫仅凭形态观察很难鉴定到具体的种或亚种。而基于PCR扩增的基因分型和亚型分析技术在隐孢子虫检测和分子流行病学研究中具有灵敏、特异和分辨率高的优点，成为不同宿主源和环境水样中隐孢子虫分子流行病学研究最常用的方法。

隐孢子虫分子分型工具主要包括基因分型工具和亚型分型工具。隐孢子虫基因分型工具中，PCR引物设计主要基于多种抗原基因、结构基因、持家基因和一些未知的基因组片段，如核糖体小亚基（SSU rRNA）基因、HSP基因、COWP基因、ITS-1和ITS-2等。其中SSU rRNA基因位点是唯一具有信息分子和功能分子两种作用的rRNA基因。隐孢子虫SSU rRNA基因高度保守，几乎能鉴别所有隐孢子虫种类，是目前运用最广泛的基因分型位点。

基因亚型分型工具所基于的基因主要包括小卫星HSP70、Mucin1、微卫星gp60和ML等。其中基于gp60基因的亚型分析技术应用最为广泛，最初应用于临床样本中两个重要的人兽共患虫种微小隐孢子虫和人隐孢子虫的亚型分析，后来扩大到其他种或亚型，可以有效追踪隐孢子虫病的传播动态、流行趋势和感染来源。

2.PCR引物设计要求

PCR反应成功扩增的一个关键条件在于寡核苷酸引物的正确设计。PCR引物设计的目的是找到一对合适的寡核苷酸片段，使其能有效地与目的片段两端的序列互补。设计引物时要遵循以下原则。

①长度：不能太长，也不能太短，一般在18～25个碱基。

②G+C含量及Tm值：引物的G+C含量以40%～60%为宜。引物的Tm值是指寡核苷酸的解链温度，即在一定盐浓度条件下50%寡核苷酸双链的解链温度。PCR引物应保持合理的G+C含量。含有50%G+C的20个碱基的引物其Tm值介于56～62 ℃，这可为有效退火提供足够的温度。由于G+C间的氢键数较A+T间多，因此，G+C含量高的DNA片段其Tm值也高。对于短于20个碱基的引物，Tm值可按Tm=4（G+C）+2（A+T）计算，而对于较长的引物，Tm值的计算较为复杂。由于PCR扩增的特异性取决于两条引物与相应模板的结合，因此，反应中退火温度应根据两个Tm值折中选择。

③碱基的组成尽量随机，尽量不要有聚嘌呤或聚嘧啶的存在，尤其是3'末端不应超过3个连续的G或C。

④引物内部不应有互补序列，否则引物自身会折叠形成发夹结构或引物本身复性。这样二级结构会因空间位阻而影响引物与模板的复性结合。引物自身连续互补碱基达3个以上就容易形成发夹结构。

⑤两个引物之间不能互补，尤其应避免3'末端的互补重叠，以防止形成引物二聚体。两个引物不应有4个以上的碱基连续相同或互补。

⑥引物的3'末端应与目的片段完全相配。这对于获得好的扩增结果非常重要。如果能确定一个保守氨基酸，可将其密码子的前2个碱基作为3'末端。

⑦引物的5'末端可不与目的片段互补，可被修饰而不影响扩增的特异性。引物的5'末端修饰包括：加酶切位点，标记生物素、荧光、同位素、地高辛等，还可引入蛋白质结合DNA序列、突变位点、翻译起始密码子、启动子序列等。所附加的限制性酶切位点应是不会在引物以外的DNA上切割的。为了有效地切割限制性酶切位点，在限制性酶识别序列的5'端常需添加2～3个非特异的额外碱基。

⑧若是设计种或株特异性引物，引物与非特异序列的相似性不能超过70%或有连续8个以上的互补碱基相同。可用DNAstar、MegAlign软件比较相似性，用Oligo5.0来设计引物。

3. 琼脂糖电泳的基本原理

琼脂糖是一种天然聚合长链状分子，于沸水中熔解，45 ℃开始形成多孔性结构，凝胶孔径的大小决定于琼脂糖的浓度。DNA分子在碱性环境中带负电荷，在外加电场的作用下向正极泳动。DNA分子在琼脂糖凝胶中泳动时，有电荷效应与分子筛效应。不同的DNA其大小及构型不同，电泳时的泳动率就不同，从而分出不同的区带。琼脂糖凝胶电泳法分离DNA主要是利用分子筛效应，迁移速度与分子质量的对数值成反比关系。溴化乙啶(EB)为扁平状分子，在紫外光照射下发射荧光。EB可与DNA分子形成EB-DNA复合物，其发射的荧光强度较游离状态EB发射的荧光强度大10倍以上，且荧光强度与DNA含量成正比。

4. PCR扩增产物的纯化实验原理

为验证PCR扩增产物的种或株特异性，往往需对PCR扩增产物进行测序验证。为了建立种、株特异的PCR诊断技术，需要确定种、株特异的遗传标记。在这样的情况下，往往需要将PCR产物进行纯化，连接到克隆载体，转化基因工程宿主菌，然后经菌落PCR及限制性内切酶酶切鉴定筛选阳性菌落进行测序。获得纯度高的PCR产物是进行连接、转化、测序的前提条件。PCR产物的纯化方法一般有两种：一种是切胶回收，另一种是PCR产物直接回收。切胶回收的原理是通过琼脂糖凝胶电泳，将要回收的目的片段在紫外透射光下从凝胶上切下来，然后再通过DNA胶回收试剂盒进行纯化，以去除DNA样品中除了目的基因片段外的所有杂质。而PCR产物直接回收法则是将扩增的PCR产物直接用PCR产物纯化试剂盒进行纯化。两种方法各有利弊，切胶纯化的纯度较高，但回收率低；PCR产物直接纯化，回收率高，但纯度较低。如果PCR扩增产物特异性很强，且引物长度小于60 bp，则两种方法都可选用，但有非特异性条带或引物长度大于60 bp时，必须用切胶纯化的方法。

【文献拓展】

1. 贾丁，但佳明，孙燕，等. 四川省奶牛犊牛隐孢子虫流行情况及其分子特性分析[J]. 中国寄生虫学与寄生虫病杂志，2019，37(4)：422-427.

2. 宋源，李威，钟志军，等. 贵阳动物园动物隐孢子虫的调查与虫种鉴定[J]. 中国兽医科学，2017，47(3)：295-300.

3. 黄达娜，张仁利，唐屹君，等. 隐孢子虫PCR检测体系的建立及其应用[J]. 中国热带医学，2016，16(8)：770-773.

实验20 弓形虫病的ELISA诊断技术

弓形虫病是由弓形虫感染引起的一种严重的人兽共患寄生虫病，可导致人畜流产、死胎和免疫抑制患者死亡。该病呈世界性流行，不仅给畜牧业生产带来严重的经济损失，而且对食品安全构成巨大威胁。弓形虫的整个生活史包括无性生殖（速殖子、包囊、裂殖体）和有性生殖（配子体和卵囊）。多数个体在感染弓形虫时无明显特异性的临床表现，诊断多依靠血清学检测。下面介绍国内常用的弓形虫病的ELISA血清学检测技术。

【实验目的】

掌握弓形虫病的ELISA血清学检测技术，为防治和预防弓形虫病提供科学依据。

【实验材料】

1.实验试剂

氯化钠、氯化钾、磷酸氢二钠、磷酸二氢钾、0.25%胰蛋白酶、碳酸钠、碳酸氢钠、Triton X-100、牛血清白蛋白（BSA）、辣根过氧化物酶标记的羊抗猪IgG、可溶性单组分TMB显色液、浓硫酸等。

2.实验器材

低温离心机、常温台式离心机、超声细胞破碎仪、聚苯乙烯酶标板（96孔）、脱色摇床（水平）、酶标仪等。

【实验方法】

1.血清制备

（1）被检血清。

采集疑似弓形虫感染的血液于4 ℃过夜，再于室温下以6000 $r\cdot min^{-1}$的转速离心20 min，收集血清，并经56 ℃灭活30 min，于-20 ℃保存备用。

（2）阳性对照血清。

将10份经人工感染弓形虫的猪血清等比例混匀作为阳性对照血清。

（3）阴性对照血清。

将10份健康猪血清等比例混匀作为标准阴性血清对照。

2. 抗原

采用弓形虫速殖子作为试验所需的抗原。弓形虫速殖子腹腔接种清洁级以上实验小鼠（BALB/c，ICR等），3～5 d后处死，收取虫体，胰酶消化，以一定浓度涂片，充分晾干，经预冷的丙酮在-20 ℃固定30 min，即为弓形虫速殖子抗原片，于-20 ℃保存备用。

3. 操作步骤

（1）包被。

弓形虫可溶性抗原用包被液稀释，使其浓度为5～10 μg·mL^{-1}，并在聚苯乙烯酶标板中加入抗原包被液（100 μL·孔$^{-1}$），于37 ℃孵育2 h或者4 ℃过夜。

（2）洗涤。

于室温下在摇床上PBST洗板5次，每次3 min，叩干。

（3）封闭。

在该聚苯乙烯酶标板中加入含1.5%BSA的PBST溶液（150 μL·孔$^{-1}$），于37 ℃孵育1 h。

（4）洗涤。

于室温下在摇床上PBST洗板5次，每次3 min，叩干。

（5）一抗。

分别将被检血清、阳性对照血清和阴性对照血清用PBST溶液进行1∶100稀释，在该聚苯乙烯酶标板中加入稀释的血清（100 μL·孔$^{-1}$），同时设立一个只加入PBST溶液的空白对照孔（100 μL·孔$^{-1}$），于37 ℃孵育1 h。

（6）洗涤。

于室温下在摇床上PBST洗板5次，每次3 min，叩干。

（7）二抗。

将辣根过氧化物酶标记的羊抗猪IgG的二抗用PBST溶液进行1∶1000～1∶5000稀释，在该聚苯乙烯酶标板中加入稀释的二抗（100 μL·孔$^{-1}$），于37 ℃孵育1 h。

（8）洗涤。

于室温下在摇床上PBST洗板5次，每次3 min，叩干。

(9)显色。

在该聚苯乙烯酶标板中加入可溶性单组分TMB(100 μL·孔$^{-1}$),避光显色1 min。

(10)终止。

在该聚苯乙烯酶标板中加入 2M H2SO(450 μL·孔$^{-1}$),终止反应。

(11)读值。

在酶标仪上,于450 nm处读取各孔A值,并进行记录。

4.结果判定

在对照系统(阳性血清对照,阴性血清对照,空白对照)成立的条件下判定结果。

同时符合下列2个条件者,判为阳性。

①被检血清反应孔的A值≥0.2。

②被检血清反应孔的A值/阴性血清对照反应孔的A值≥2.1。

上述2个条件均不符合者,判为阴性;均符合者,判为阳性;仅符合1条者,判为可疑,需要用同一种方法或另一种方法重做。

【注意事项】

1.每个聚苯乙烯酶标板均设阳性血清对照、阴性血清对照和空白对照各1孔。

2.在用酶标仪读取各孔A值时,一定先用同一个聚苯乙烯酶标板上的空白对照孔进行调零。

【思考题】

1.简述ELISA方法的实验原理。

2.简述弓形虫ELISA方法的主要操作步骤、实验结果和注意事项。

【参考阅读】

弓形虫病的血清学检测方法是20世纪实验室首选和最常用的方法。该方法主要使用弓形虫的特异性抗原,通过测定宿主感染后体内相应抗体(IgA、IgM、IgG和IgE)进行判定。常用的弓形虫病的血清学检测技术,除了ELISA方法外,还有下面几种。

1.染色试验

染色试验是弓形虫最经典的特异性血清学检测技术,被广泛用于该病的流行病学调查和临床诊断。新鲜弓形虫速殖子与含非特异性抗体的正常血清混合,37 ℃孵育1 h或室温孵育数小时，大部分新月形的速殖子会转变成圆形或椭圆形的虫体，而且因细胞质对碱性美蓝具有较强的亲和力从而使虫体着色很深。但当新鲜弓形虫速殖子与含特异性抗体的免疫血清混合孵育，虫体不仅仍保持原有形态，而且对碱性美蓝染色也不敏感，着色很浅或不着色。这是因为免疫血清含有特异性抗体和补体（又称为辅助因子），经过两者的协同作用，弓形虫虫体细胞变性，从而对碱性美蓝不易着色。染色试验可用于早期检测，被认为是弓形虫感染血清学检测的“金标准”，但要活虫参与试验，由于在实际应用时不易操作，国内几乎不再采用。

2. 凝集试验

（1）间接血凝试验（Indirect Hemagglutination Test，IHA）。

IHA 是利用弓形虫可溶性抗原致敏于红细胞表面，当与相应抗体相互反应时即可出现肉眼可见的凝集。因 IHA 方法具有操作简便、敏感性高、特异性强等特点，故而适于大规模的流行性调查。但是致敏红细胞的不稳定性使该方法易产生非特异性凝集，与其他诊断方法相比重复性较差。

（2）乳胶凝集试验（ Latex Agglutination Test，LAT）。

LAT 是以乳胶颗粒包被弓形虫可溶性抗原，加入待检血清后，通过观察凝集反应进行结果判定，若结果为阳性则需要再以其他血清学方法开展进一步检查。LAT 具有操作简便、结果易判及特异性良好等特点，能够快速方便检测到抗弓形虫 IgG 抗体，适于动物弓形虫早期感染和抗体检测，常作为现场检测和大范围流行病学筛查的手段。

3. 间接荧光抗体试验（ Indirect Fluorescence Antibody Test，IFAT）

间接荧光抗体试验以固定的弓形虫速殖子制作抗原片，通过荧光素标记的二抗检测特异性抗体，具有较高的敏感性、特异性和重现性等优点，被广泛应用于动物弓形虫血清 IgG 或 IgM 抗体的检测，是目前检测早期感染较为理想的血清学试验方法之一。目前，该技术在国外广泛被应用于流行病学调查，且已有敏感、稳定的市售试剂盒。相比之下，国内关于 IFAT 检测动物感染弓形虫的报道较少，可能因其需要专业荧光显微镜观察而限制了该方法的推广使用。

4. 免疫层析技术（ Gold Immunochromatographic Assay，GICA）

GICA 主要由标记技术和层析技术组成，利用抗原与抗体反应原理，以胶体金作为示踪标志物，通过固相膜为载体而设计的检测方法。作为一种简单、便捷的血清学检测方法，适用于养殖场及野外现场动物弓形虫的检测。目前，免疫层析技术因具有快速、操作简便、结果易判和不需特定仪器等优点，得到了广泛的应用。但是目前市场中试纸条的产品质量良莠不齐，存在特异性不高、假阳、阴性等现象。

总之，血清学检测方法尤其是ELISA方法是目前临床应用最广泛的检测方法。然而，纵观国内外动物弓形虫血清学检测方法的研究及应用现状，大多数试剂盒都存在一定的局限性，如无法估计弓形虫感染的准确阶段，试验难以进行标准化规范和受其他寄生虫干扰等。因此，动物弓形虫检测仍存在诸多问题亟待解决。

【文献拓展】

1. 闫鑫磊，张宏博，韩汶荧，等. 锡林郭勒盟绵羊弓形虫病血清学调查[J]. 畜牧与兽医，2020，52(6)：133-136.

2. 黄冶川，阳毅敏，潘灵韬，等. 检测猪弓形虫ROP14抗体间接ELISA方法的建立[J]. 中国兽医学报，2020，40(5)：966-972.

3. 王华琳，张义伟，张越，等. 免疫学技术在弓形虫检测方面的研究概况[J]. 动物医学进展，2019，40(2)：117-120.

第二部分

动物寄生虫学实训

第九章　动物寄生虫学完全剖解技术及标本的制作与虫种鉴定

寄生虫不同发育阶段的虫体可以存在于粪便、血液、尿液、腹水、器官组织和体表皮屑等样品中，并引起相应的病理变化。不同检测方法对样品的采集和保存要求存在差异，因此正确采集和鉴定临床样品对动物寄生虫病的诊断、流行病学调查和致病机理等研究工作至关重要。

实训1　寄生虫学完全剖解技术

【实训任务】

1. 掌握寄生虫学完全剖检技术。

2. 通过剖检采集畜禽的全部寄生虫标本，为诊断和了解寄生虫病的流行情况及防治提供科学依据。

【实训方案】

1. 实训材料

(1)实训器材。

解剖刀、解剖剪、镊子、标本瓶、光学显微镜、透视显微镜、贝尔曼分离装置、量筒、胶头滴管、烧杯、载玻片、盖玻片、培养皿、水桶、瓷盆、肥皂等。

(2)实训药品。

0.9%生理盐水、5%硫代硫酸钠溶液、20%福尔马林、10%福尔马林、5%福尔马林、70%乙醇、布勒氏(Bless)液。

2.实训步骤

根据实际工作中的要求,寄生虫学剖检技术可分为寄生虫学完全剖检法、某个器官的寄生虫剖检法(如旋毛虫的调查等)和对某些器官内的某一种寄生虫的剖检法(如牛血吸虫的剖检收集法)。

(1)剖检前的准备。

①通过剖检做出寄生虫感染诊断的动物及药物驱虫试验阳性的动物可直接用于寄生虫学剖检。而为了查明某一地区的寄生虫病的流行情况,必须选择在该地区生长的动物,并应尽可能包括不同的年龄段和性别,同时,瘦弱或有临床症状的动物应被视为主要调查对象。也可以采用因病死亡的畜禽进行剖检,但死亡时间一般不能超过24 h(一般虫体在病畜死亡24~48 h崩解消失)。选择剖检的畜禽应选取放牧饲养或散养的个体,它们有更多的机会接触中间寄主,感染生物源性寄生虫;而舍饲种类主要是感染土源性寄生虫。

每头剖检的动物都应在登记表上详细填写动物种类、品种、年龄、性别、编号、营养状况、临床症状等。

②剖检的畜禽在剖检前应先绝食1~2 d,以减少胃肠内容物,便于寄生虫的检出。

③畜禽剖检前,对其体表应做认真检查和体外寄生虫的采集工作。观察体表的被毛和皮肤有无瘢痕、结痂、出血、皲裂、增厚等病变,并注意对体外寄生虫(虱、蚤、蝇、蜱、螨、皮蝇幼虫等)的采集。

④在进行剖检前最好先取粪便进行虫卵检查、计数,初步确定该动物体内寄生虫的寄生情况,对剖检寻找虫体可能有所帮助。但也应注意,有些寄生虫虫卵不出现在粪便中,剖检时不要忽视了这部分虫体的寻找。

⑤剖检畜禽进行动脉放血处死,如利用屠宰场的待宰畜禽,可按屠宰场的常规操作处理,但脏器的采集必须合乎寄生虫检查的要求。

(2)家畜的完全剖检技术及寄生虫的采集。

在家畜死亡后,首先制作血涂片,经染色镜检后观察血液中有无伊氏锥虫、巴贝斯虫和泰勒虫等血液寄生原虫,然后再进行剖检,剖检程序如下。

①淋巴结和皮下组织的检查及寄生虫的采集。

按照一般解剖方法进行剥皮,注意皮下是否有皮蝇蛆、绦虫蚴、丝虫等寄生,然后检查全身淋巴结有无虫体寄生。发现虫体随即采集并做记录。

②头部各器官的检查及寄生虫的采集。

头部从枕骨后方切下，首先检查头部各个部位和感觉器官。然后沿鼻中隔约0.3 cm处的矢状面纵向锯开头骨，撬开鼻中隔，进行检查。

A.检查鼻腔鼻窦。检查鼻腔鼻窦，取出虫体。取出的虫体在水中冲洗，沉淀后检查沉淀物。

B.检查脑部和脊髓。打开颅腔后先用肉眼检查有无绦虫蚴、羊鼻蝇蚴、驼喉蝇蚴寄生。打开椎管检查有无马脑脊髓丝虫的童虫寄生。

C.检查眼部。先用肉眼观察，然后再将眼睑结膜及球结膜在水中刮取表层，沉淀后检查沉淀物。最后剖开眼球，将眼房水收集在培养皿内，在放大镜下检查是否有丝虫幼虫、囊尾蚴、裂头蚴、吸吮线虫寄生。

D.检查口腔。检查唇、颊、舌肌、牙齿间、咽部有无囊尾蚴、蝇蛆、筒线虫、蛭类寄生。

③腹腔各脏器的检查及寄生虫的采集。

按照一般解剖方法剖开腹腔，首先检查脏器表面的寄生虫和病变。再逐一对各个内脏器官进行检查。然后收集腹水，沉淀后取沉淀物检查其中有无丝状线虫寄生。

A.消化系统检查及寄生虫采集。在结扎食道末端和直肠后，先切断食道，然后取出消化道。消化系统所属的肝、脾、胰也一并取出。再将食道、胃（反刍动物的4个胃应分开）、小肠、大肠、盲肠分段做二重结扎后分离。胃肠道内有大量的内容物，应在生理盐水中剖开，将内容物洗入生理盐水中，然后对黏膜循序仔细检查。洗下的内容物用水洗沉淀法检查，待上层液体清澈后，取沉渣进行检查。为了检查沉渣中细小的虫体，可在沉渣中滴加碘液，使粪渣和虫体均染成棕黄色，然后加5%硫代硫酸钠溶液脱色，粪渣和纤维均脱色，而虫体着色后不脱色，仍然保持棕黄色，易于辨认。

a.食道。先检查食道的浆膜层。观察食道肌肉内有无虫体，必要时可取肌肉压片镜检。再剖开食道，仔细检查食道黏膜层有无寄生虫。用解剖刀刮取黏膜表层，压在两张载玻片之间检查，当发现虫体时，揭开上面的载玻片，用牙签将虫体挑出。应注意黏膜面有无筒线虫、纹皮蝇蛆（牛）、毛细线虫（鸽子等鸟类）、狼旋尾线虫（犬、猫），浆膜面有无肉孢子虫（牛、羊）寄生。如有肉孢子虫可连同被寄生组织一起剪下，保存于布勒氏液〔福尔马林原液7 mL，70%乙醇90 mL，冰醋酸（临用前加入）3～5 mL混合配成〕中。

b.胃。应先检查胃壁外面。对于单胃动物，可沿胃大弯剪开，将内容物倒入瓷盆中，检出较大的虫体。然后用生理盐水将胃壁洗净，取出胃壁并用解剖刀刮取胃壁黏膜表层，压在一张载玻片上镜检。胃壁冲洗液用水洗沉淀法，待上层液体清澈后，分批取少量沉渣进行检查。在胃内寄生的有马的胃线虫、胃蝇蛆，多种动物的颚口线虫和圆线虫等。如胃腺部有肿瘤时可切开检查。

反刍动物可先把4个胃分开。检查瘤胃时注意检查胃黏膜上和与胃壁贴近的胃内容物中的虫体，发现虫体全部用牙签挑出来，胃内容物不必冲洗。瘤胃壁上可能有前后盘吸虫寄生。网胃和瓣胃的检查方法同瘤胃，但对瓣胃延伸到皱胃的部位要仔细检查，必要时可以把这部分切下，采取同皱胃的检查方法。皱胃的检查方法同单胃动物的检查方法。

c.腹腔和肠系膜。先检查腹腔中有无丝状线虫（马）寄生。分离肠系膜前先以双手提起肠管，看肠系膜上有无细颈囊尾蚴、豆状囊尾蚴（兔）、舌形虫的幼虫寄生。把肠系膜充分展开，然后从十二指肠起向后依次检查，注意静脉中有无血吸虫寄生。

d.小肠。把小肠分为十二指肠、空肠、回肠3段，分别检查。先将每段小肠放入瓷盘中，再剖开小肠。然后用生理盐水洗涤肠黏膜面，仔细检出残留在上面的虫体，洗涤液和沉淀物用水洗沉淀法，检查沉淀物中所有的虫体。当发现绦虫时，用剪刀紧贴肠壁，小心剪下含完整头节的绦虫，若头节牢固吸附于寄主的肠壁，则需连同肠壁组织一同剪下。洗涤绦虫的时间一般不能超过5 min（时间过长，水分渗入虫体内，会破坏虫体内部的组织器官，影响鉴定）。洗净的虫体置于70%乙醇或布勒氏液中固定保存。

e.大肠。大肠分为盲肠、结肠和直肠3段，分段进行检查。在分段以前先对肠系膜淋巴结进行检查。在肠系膜附着部的对侧沿纵轴剪开肠壁，倒出内容物，叮咬在肠黏膜上的寄生虫可直接用牙签挑取，然后把肠壁用生理盐水洗净，洗涤液和肠道内容物用水洗沉淀法检查。对已洗净的肠黏膜面再做一次检查，最后再刮取肠黏膜压片镜检，以免遗漏虫体。注意检查肠壁上有无粟粒大到豌豆大的结节（食道口线虫引起），将采集到的虫体组织保存于70%乙醇或布勒氏液中。在血吸虫病流行地区还应注意直肠壁上有无日本血吸虫的虫卵结节。用显微镜检查直肠黏膜病变组织可检查到日本血吸虫卵及溶组织阿米巴滋养体。

f.肝脏。首先观察肝表面有无寄生虫结节，如有可做压片检查。再检查肝表面有无绦虫蚴，剖开肝脏观察有无棘球蚴囊体等。剪开肝门静脉，看有无血吸虫。然后剪开肝脏，检查有无寄生虫。把肝脏切成数块放在水中用两手挤压，或将其撕成小块，置于37 ℃温水中，待其虫体自行移出（即贝尔曼法原理）。充分水洗后，取出肝组织碎块并用水洗沉淀法检查沉淀物。有胆囊的动物要注意检查胆囊，可以先把胆囊从肝上剥离，把胆汁倾入培养皿内，加生理盐水稀释，检出所有的虫体。再检查胆囊黏膜上是否有各种吸虫、蛔虫幼虫和肾虫幼虫等寄生。

g.胰腺。用剪刀沿胰管剪开，检查其中虫体，再将胰腺撕成小块，用贝尔曼法分离虫体，最后在液体沉淀中寻找虫体。若反刍动物胰脏肿大，粉红色的胰脏中有紫色的斑块或条索，切开胰脏可见红色的阔盘吸虫寄生。

h.脾脏。检查法与胰腺相同。寄生虫少见，偶见棘球蚴，在血吸虫病流行地区还可以在脾静脉内找到日本血吸虫。

B.泌尿系统检查及寄生虫采集。骨盆腔脏器取出方法同消化系统。先肉眼观察肾周围组织有无寄生虫。注意肾周围脂肪和输尿管壁有无肿瘤及包囊，如发现肿瘤及包囊应切开检查，取出虫体。随后切断腹腔大血管，取出肾脏。剖开肾脏，先对肾盂进行肉眼检查，再刮取肾盂黏膜检查，最后将肾实质切成薄片，压于两载玻片间，用放大镜检查。剪开输尿管、膀胱和尿道检查其黏膜，并注意黏膜下有无包囊。收集尿液，用水洗沉淀法检查。

C.生殖器官检查及寄生虫采集。检查生殖器官内腔，用解剖刀刮取黏膜表面压片或涂片镜检。怀疑为马媾疫或牛胎儿毛滴虫时，应涂片染色后用油镜检查。

④胸腔各器官的检查及寄生虫的采集。

按一般解剖方法切开胸壁，注意观察脏器表面有无绦虫蚴寄生及其自然位置与状态，然后连同食管及气管取出胸腔内的全部脏器，并收集储留在胸腔内的液体，用水洗沉淀法进行检查。

A.呼吸系统(肺脏和气管)检查及寄生虫采集。首先观察肺的色泽和形状，看有无包囊和结节，如有细颈囊尾蚴可切开包膜取出。但棘球蚴包囊切勿随意切开，应将包囊完整剥离下来，不要弄破，以防感染工作人员。如有肺吸虫包囊，则用解剖刀小心切开，取出虫体，用生理盐水冲洗后保存。肺脏内部检查应从喉头沿气管、支气管及细支气管剪开，注意不要把管道内的虫体剪坏，观察有无白色的大型肺线虫(牛羊的网尾线虫)，发现虫体用牙签挑取，然后用解剖刀刮取黏液后制片镜检。再将肺组织在水中撕碎，按肝脏处理法检查沉淀物。对反刍兽肺脏的检查应特别注意小型肺线虫(反刍兽的原圆线虫、缪勒线虫等)，可把寄生性结节取出放在盛有微温生理盐水的培养皿内，然后分离结节的结缔组织，仔细挑出虫体，洗净后固定。

B.心脏及大血管。先检查心外膜、冠状动脉沟及淋巴结，看有无浆膜丝虫(猪)。然后剪开心脏，仔细观察内腔及内壁。将内容物洗入生理盐水中，用水洗沉淀法检查。剪开大血管，特别是肠系膜动脉和静脉，注意观察是否有血吸虫、线虫(如犬恶丝虫)。切开心肌检查有无绦虫蚴虫(如猪囊虫)的存在，发现虫体则小心取出。将心肌剪成麦粒大，夹在两载玻片间镜检，看有无旋毛虫和肉孢子虫，若有，可连肌肉一起保存。马应检查肠系膜动脉根部有无寄生性肿瘤。对血液应做涂片检查。

⑤其他部位的检查及寄生虫的采集。

A.膈肌及其他部位肌肉的检查。切取小块膈肌及其他部位的肌肉，先用肉眼观察，然后压片镜检。取咬肌、腰肌、臀肌及腹壁肌肉，检查有无绦虫蚴虫；取膈肌检查有无旋毛虫、弓形虫及肉孢子虫。若发现虫体可连肌肉一起保存。

B. 肌腱与韧带的检查。有可疑病变时检查相应部位的肌腱与韧带。注意观察盘尾丝虫等。

(3)禽类的全身剖检技术及寄生虫的采集。

首先分别采集体表的寄生虫虱、蜱、螨等,然后放血致死动物。检查皮肤表面的所有赘生物和结节,拔去颈、胸和腹部羽毛,剥开皮肤后,检查皮下组织。在皮下结缔组织内可能有鸟龙线虫寄生。在眼结膜内可能发现嗜眼吸虫。

用解剖刀切断连接两个肩胛骨和肱骨背面的肌肉,然后用一手固定头的后部,另一手提取切断的胸骨部,逐渐向脊部翻折,最后完全掀下带肌肉的胸骨,用解剖刀柄把整个腹部的皮肤和肌肉分离开,向两侧拉开皮肤,露出所有的器官。

采集各脏器,分别进行寄生虫的检查。先检查嗉囊,剪开囊壁后,倒出内容物做一般眼观检查,然后把囊壁拉紧透光检查。嗉囊中可见嗉囊筒线虫和毛细线虫。如果在腺胃黏膜上见到紫红色的斑,透过光线观察,可见寄生在腺胃组织深部的四棱线虫的雌虫,其雄虫寄生在腺胃黏膜表面,可用解剖刀刮取腺胃黏液,用放大镜边观察边采集。在某些水禽的腺胃或肌胃角质膜下可找到肿胀,在肿胀内可找到棘首属线虫。切开肌胃胃壁,倒出内容物,做一般检查后,剥离角质膜再做眼观检查。在家禽腺胃和肌胃内寄生的可能有华首线虫。水禽肌胃的角质膜下寄生的可能有裂口线虫。然后再检查肠道中的寄生虫。禽类胃肠道中的虫体应在尸体冷却前检出。最后仔细检查气囊和法氏囊。

其他各脏器的检查方法和上述方法基本相同。各脏器的内容物如限于时间不能当日检查完毕,可在反复沉淀之后,将沉淀物加入5%福尔马林中保存,以待随后检查。在用水洗沉淀法时,应注意防止微小虫体随水倒掉。采集虫体时应避免将其损坏,检出的虫体应随时放入预先盛有生理盐水并标有编号和名称的培养皿内。

(4)食肉动物的完全剖检技术及寄生虫的采集。

食肉动物如犬、狼、狐等的寄生虫,有些种(如棘球绦虫)是人畜共患寄生虫,在剖检动物时,必须严防工作人员被感染和污染环境。工作人员需要穿实验服、长筒胶靴,戴乳胶手套、口罩、手术帽。解剖后的动物尸体应深埋或投入焚尸炉内烧掉。

①剖检前先观察动物体表有无寄生虫,如蚤、虱、蜱、螨等,直接采集保存于70%乙醇中,然后将动物腹部向上固定于解剖台上,检查眼瞬膜下有无吸吮线虫寄生。将剖检时需用的镊子、剪刀、解剖刀、胶头滴管等放入20%福尔马林中,随用随拿。禁止在实验台面或地面上随便乱放,以防污染。切开腹壁,先检查体腔内有无寄生虫,再查看内脏有无寄生虫病变,然后分别采取胸、腹腔内器官,分别置于解剖盘内。

②剖检消化道时，先剪断肠系膜，分离肠管，注意不要损坏肠壁。剪开小肠壁，边剪边仔细观察有无寄生虫，若有，则把肠内容物及肠黏膜一起刮入瓷盆中，刮时要慢要稳，防止内容物溅出。如内容物中小型虫体较多，可把瓷盆中内容物搅匀后，用胶头滴管吸取一定体积的液体置于培养皿中，在低倍镜下依次全面查虫，分类计数，然后计算出盆内各类虫体的总数。采集大型绦虫标本时，应将吸附有头节的肠壁一起剪下，连同整个虫体浸入清水中数小时，绦虫头节会自然脱离，如果强行拉下虫体，则吸附于肠壁的头节易与链体断离，损坏标本。取下完整的绦虫标本后，置于清水中漂洗除去黏附的污物，然后将虫体放置于较大的长方形瓷盘中，倒入5%福尔马林液中固定。对小型虫体如棘球属绦虫，先放在生理盐水中清洗，再移入缓冲液中清洗，把洗净的虫体用胶头滴管吸入载玻片上，以2～3条为一组，盖盖玻片时稍加压力，使虫体变扁薄，但又不破裂，从旁边滴加10%福尔马林固定4 h以上。然后连载玻片、虫体和盖玻片一同置于盛有10%福尔马林的烧杯中，浸泡1～2 d，再将虫体移入5%福尔马林液中保存。对中型线虫，检出后放在生理盐水中漂洗，和其他肠段的线虫一样，洗净后用5%甘油乙醇固定保存。

③其他各种内脏的处理和标本的采集方法同前述家畜检查方法。

在整个剖检过程中，特别是对棘球绦虫病犬的剖检，应时刻注意凡是用过的任何用具、肠管、内容物、清洗液等，绝不能到处乱放，必须煮沸半小时后，待自然冷却到30 ℃左右，虫卵已被杀灭，再把肠及内容物深埋。对所有用具要用肥皂水洗净。工作服使用后应煮沸消毒，地面可撒生石灰或用酒精喷灯灼烧。

3.注意事项

(1)各种寄生虫都有固定的寄生部位，在进行畜禽全身解剖、检查并采集寄生虫前，应详细查阅资料，做好准备工作，搞清该动物各器官、组织可能有哪些寄生虫的寄生，解剖时仔细观察与检查。有些季节性寄生虫还应注意剖检的季节。有些寄生虫受年龄免疫的影响，则应考虑到年龄问题，避免某些寄生虫被遗漏。

(2)检查过程中，若脏器内容物不能立即检查完毕，可在反复水洗沉淀后，在沉淀物内加5%的福尔马林保存，以便以后再详细检查。

(3)注意观察寄生虫所寄生器官、组织的病变，对虫体进行计数，为寄生虫病的准确诊断提供依据。病理组织或含虫组织标本用10%福尔马林溶液固定保存。对有疑问的病理组织应做切片检查。

(4)采集的寄生虫标本应该按要求分别保存。保存时采用双标签，即投入容器中的内标签和在容器外再贴上外标签，最后把容器密封。内标签可用普通铅笔书写，标签上应标明畜别、编号、虫体类别、数目以及检查日期等。

在采集标本时，应有登记本或登记表，将标本采集时的有关情况，按标本编号记录于登记本或登记表（表9.1）上。对虫体所引起的宿主的主要病理变化也应做详细的记载。然后统计寄生虫的种类、感染率和感染强度，以便汇总。

表9.1　畜禽寄生虫剖检记录表

编号　　　　　　　　　　　　　　　　　　　　　　检查日期　　　　年　　月　　日

<table>
<tr><td>地区</td><td colspan="11"></td></tr>
<tr><td>畜禽别</td><td></td><td>品种</td><td></td><td>性别</td><td></td><td>年龄</td><td></td><td>营养</td><td></td><td>产地</td><td></td></tr>
<tr><td>病例及其他</td><td colspan="11"></td></tr>
<tr><td rowspan="7">采集寄生虫的情况</td><td colspan="2">寄生部位</td><td>虫名</td><td colspan="2">数目（条）</td><td>瓶号</td><td colspan="2">瓶数</td><td>主要病变</td><td colspan="2">备注</td></tr>
<tr><td colspan="2"></td><td></td><td colspan="2"></td><td></td><td colspan="2"></td><td></td><td colspan="2"></td></tr>
<tr><td colspan="2"></td><td></td><td colspan="2"></td><td></td><td colspan="2"></td><td></td><td colspan="2"></td></tr>
<tr><td colspan="2"></td><td></td><td colspan="2"></td><td></td><td colspan="2"></td><td></td><td colspan="2"></td></tr>
<tr><td colspan="2"></td><td></td><td colspan="2"></td><td></td><td colspan="2"></td><td></td><td colspan="2"></td></tr>
<tr><td colspan="2"></td><td></td><td colspan="2"></td><td></td><td colspan="2"></td><td></td><td colspan="2"></td></tr>
<tr><td colspan="2"></td><td></td><td colspan="2"></td><td></td><td colspan="2"></td><td></td><td colspan="2"></td></tr>
<tr><td>附记</td><td colspan="11"></td></tr>
</table>

剖检单位　　　　　　　　　　　　　　　　　　　　　　　　剖检者姓名

【结果分析】

1. 畜禽体表的被毛和皮肤如有瘢痕、结痂、出血、皲裂、增厚等病变，要注意采集虱、蚤、蝇、蜱、螨、皮蝇幼虫等体外寄生虫。

2. 在检查家畜淋巴结和皮下组织时，注意牛皮下的牛皮蝇蛆、牛副丝虫、盘尾丝虫、裂头蚴，羊皮下的羊斯氏多头蚴和兔皮下的连续多头蚴。禽类皮下结缔组织内可能有鸟龙线虫寄生，眼结膜内可能发现嗜眼吸虫。

3. 检查家畜头部各器官时，可能有羊鼻蝇蛆、驼喉蝇蛆、水蛭（水牛）、锯齿状舌形虫寄生。颅腔内可能有脑多头蚴、猪囊尾蚴、羊鼻蝇蚴、驼喉蝇蚴寄生。椎管内可能有马脑脊髓丝虫童虫寄生。眼球及眼房水内可能有丝虫幼虫、囊尾蚴、裂头蚴、吸吮线虫等寄生。唇、颊、舌肌、牙齿间、咽部可能有囊尾蚴、蝇蛆、筒线虫、蛭类寄生。

4. 检查家畜消化系统时，食道黏膜面可能有筒线虫、纹皮蝇蛆（牛）、毛细线虫（鸽子等鸟类）、狼旋尾线虫（犬、猫），浆膜面可能有肉孢子虫（牛、羊）寄生。单胃动物胃内寄生的可能有马的胃线虫、胃蝇蛆，多种动物的颚口线虫和圆线虫等；反刍动物皱胃壁上可能有血矛线虫、艾氏毛圆线虫、斯氏副柔线虫、前后盘吸虫的幼虫寄生。腹腔中可能有丝状线虫(马)寄生,肠系膜上可能有细颈囊尾蚴、豆状囊尾蚴(兔)、舌形虫的幼虫寄生。小肠上可能有马的裸头绦虫、尖尾线虫、类圆线虫,反刍兽毛圆线虫、类圆线虫、仰口线虫、莫尼茨绦虫、曲子宫绦虫、无卵黄腺绦虫、双士吸虫、同盘吸虫等,猪的钩虫、旋毛虫、姜片吸虫,猪、鸡的棘头虫以及寄生于各种动物的相应的绦虫、蛔虫、胃蝇蛆和球虫寄生。大肠中可能有毛尾线虫、夏伯特线虫、食道口线虫、日本血吸虫的虫卵和溶组织阿米巴滋养体寄生。肝表面可能有细颈囊尾蚴、兔豆状囊尾蚴和棘球蚴,肝脏内可能有棘球蚴囊体,肝门静脉可能有血吸虫。胆囊黏膜上可能有肝片形吸虫、双腔吸虫、华支睾吸虫、截形微口吸虫、阔盘吸虫、蛔虫幼虫、肾虫幼虫等寄生。胰腺内可能有阔盘吸虫寄生。脾脏内寄生虫少见,偶见棘球蚴,脾静脉内可能有日本血吸虫寄生。

禽类嗉囊中可能有嗉囊筒线虫和毛细线虫寄生,腺胃中可能有四棱线虫、华首线虫。水禽的腺胃或肌胃角质膜下可能有棘首属线虫寄生。禽类肠道中可能有棘口吸虫、后睾吸虫、戴文绦虫、膜壳绦虫、蛔虫、异刺线虫(盲肠内)、毛细线虫、鸭棘头虫等寄生。禽类肝脏和胆管中可能有鸭后睾吸虫、鸭对体吸虫、东方次睾吸虫等寄生。

肉食动物特别是犬、猫消化道内可能有犬复孔绦虫、泡状带绦虫、豆状带绦虫、多头绦虫、细粒棘球绦虫、孟氏迭宫绦虫、阔节裂头绦虫、弓首蛔虫、钩虫、鞭虫和旋尾线虫寄生。肉食动物肝脏中可能有华支睾吸虫和猫后睾吸虫寄生。

5. 家畜泌尿系统可能有猪冠尾线虫、肾膨结线虫、裂头蚴和棘球蚴寄生。肉食动物肾脏中可能有犬肾膨结线虫寄生。

6. 家畜生殖器官可能有牛胎儿毛滴虫和马媾疫锥虫寄生。禽类输卵管、泄殖腔和直肠中可能有多种前殖吸虫。

7. 家畜肺脏中可能有细颈囊尾蚴、棘球蚴、肺吸虫、牛羊网尾线虫、无卫氏并殖吸虫、反刍兽的原圆线虫、缪勒线虫等寄生。心脏中可能有浆膜丝虫(猪)、猪囊虫、旋毛虫和住肉孢子虫寄生,肠系膜静脉和动脉中可能有血吸虫和犬恶丝虫寄生。

禽类气管可能有嗜气管吸虫和气管比翼线虫寄生。鸭肝门静脉和肠系膜静脉内可能有毛毕吸虫寄生。

肉食动物肺脏中可能有卫氏并殖吸虫寄生,犬的右心室和肺动脉可能有犬恶丝虫寄生。

8. 家畜膈肌及其他部位肌肉可能有囊尾蚴、裂头蚴、斯氏多头蚴和兔连续多头蚴、旋毛虫、弓形虫及肉孢子虫寄生。肌腱与韧带可能有盘尾丝虫等寄生。

【评价考核】

1. 实训结束后每位同学需要总结家畜、家禽蠕虫学完全剖检技术，总结蠕虫标本的采集与固定方法，整理剖检记录并写出实验报告。

2. 实训成绩以30%～50%记入课程成绩。

【文献拓展】

1. 王元松. 肠道寄生虫标本的采集与保存[J]. 青岛大学医学院学报，2004，40(2)：175-176.

2. 缪峰，刘永春，赵长磊. 现场调查寄生虫标本的收集、固定和保存方法[J]. 中国寄生虫学与寄生虫病杂志，2002，20(6)：61.

3. 赵阿普，和滕，唐建伟，等. 云南省怒江州山羊寄生虫感染状况调查[J]. 中国动物检疫，2016，33(4)：12-14.

实训2 寄生虫标本的制作与虫种鉴定

【实训任务】

1.掌握各种寄生虫标本的制作方法。

2.掌握常用的寄生虫虫种鉴定方法。

【实训方案】

1.实训材料

(1)虫种。

各种寄生虫成虫和虫卵。

(2)试剂。

生理盐水薄荷脑溶液30%、50%、70%、80%、90%、95%、100%的酒精，劳氏(Looss)固定液，酒精-福尔马林-醋酸固定液(A. F. A固定液)，福尔马林固定液，5%甘油，德氏苏木素染液，盐酸卡红染液，硼砂卡红染液，盐酸酒精，二甲苯，加拿大树胶，蒸馏水等。

乙二胺四乙酸(EDTA)、十二烷基磺酸钠(SDS)、三(羟甲基)氨基甲烷-盐酸(Tris-HCl)、平衡酚、氯仿、异戊醇、氯化钠、蛋白酶K(25 $\mu g \cdot \mu L^{-1}$)、异丙醇(80%)、灭菌超纯水、DNA裂解液。10×PCR Buffer(无Mg^{2+})、dNTPs(2.5 $mmol \cdot L^{-1}$ each)、ddH_2O、$MgCl_2$(25 $mmol \cdot L^{-1}$)、Primers、E×Taq酶(5 $U \cdot \mu L^{-1}$)聚合酶、琼脂糖、溴化乙啶(EB，10 $mg \cdot mL^{-1}$)、Tris碱、硼酸(Boric Acid)、EDTA(0.5 $mol \cdot L^{-1}$，pH8.0)、10×载样缓冲液、EasyPure™ Quick Gel Extraction Kit胶回收试剂盒、异丙醇(80%)等。

(3)仪器及耗材。

超净工作台、恒温培养箱、恒温水浴锅、高速台式离心机、漩涡振荡器、PCR扩增仪、琼脂糖凝胶电泳系统、凝胶成像系统、微波炉、4 ℃/-20 ℃冰箱、紫外透射仪、核酸蛋白定量仪、微量移液器及配套吸头、微量离心管、一次性注射器、眼科镊、眼科剪、培养皿、一次性乳胶手套、量筒、三角瓶、手术刀、保鲜膜、载玻片、盖玻片、烧杯、量筒、染色架、洗衣粉、纱布、牙签、毛笔等。

2. 实训步骤

(1)吸虫染色封片标本的制作。

①吸虫的采集。在各脏器或其冲洗物沉淀中,如发现吸虫时用牙签或毛笔将虫体挑出(注意不要用镊子夹取,因为镊子会使虫体损坏变形,影响以后的观察)。挑出的虫体体表常附有粪渣、黏膜等污物,应先用生理盐水洗净,较小的虫体,可与生理盐水一起放入小试管中,加塞塞紧后充分振荡洗净污物。较大的虫体可用毛笔刷洗。有些虫体的肠管内含有大量食物,可在生理盐水中放置过夜,等其食物消化或排出,然后投入常水中,使其伸展并逐渐死亡。

②吸虫的固定。从水中将吸虫取出,放在滤纸上吸干水分。较大较厚的虫体,为了方便制作装片标本,可用两张载玻片将虫体压薄,载玻片两端用棉线或橡皮筋扎紧(注意不要压得过薄),载玻片上应注明动物编号等资料。对于较小的虫体,可先在薄荷脑溶液(配制方法:取薄荷脑 24 g 溶于 10 mL 95% 酒精中,即为薄荷脑饱和酒精溶液,使用时取此液一滴加入 100 mL 水中即可)中使虫体松弛,然后将虫体投入固定液中固定。

常用的吸虫固定液有劳氏(Looss)固定液、酒精-福尔马林-醋酸固定液(A.F.A 固定液)、福尔马林固定液和 70% 酒精等。劳氏(Looss)固定液,适用于小型吸虫。固定虫体时,将虫体置于一小试管中,加入生理盐水,达试管的 1/2 处,充分摇洗,再加入劳氏固定液摇匀,12 h 后,将虫体取出移入加有 0.5% 碘的 70% 酒精中,并更换溶液数次,直到碘酒精溶液不再褪色为止,再将虫体移入 70% 酒精溶液中保存,若欲长期保存,应在酒精中加 5% 甘油。酒精-福尔马林-醋酸固定液,适用于固定大型的已夹于载玻片间的虫体和小的虫体。小的虫体可先放于盛有 2/3 生理盐水的小瓶内,用力摇振,待虫体疲倦而伸展时,将生理盐水倾去 1/2,再加入本固定液(投入时应慢慢由一端先投入,便于将空气赶出),视虫体大小至少固定 24 h。次日将虫体取出,保存于加有 5% 甘油的 70% 酒精中。福尔马林固定液也适用于小型吸虫或夹于载玻片间的吸虫。小型吸虫投入福尔马林固定液中,经 24 h 即固定完毕。较大的夹于两载玻片间的吸虫,固定液较难渗入,可在固定数小时后,将两载玻片分开,这时吸虫贴附于一张载玻片上,将贴附有虫体的载玻片继续投入福尔马林固定液中过夜。最后将虫体置于 3% ~ 5% 的福尔马林溶液中保存或用于制片。用酒精做固定液时,一般用 70% 酒精固定 0.5 ~ 3 h,具体时间视虫体大小而定,再移至新的 70% 酒精中保存。

经以上几种方法中任何一种固定的标本，在保存时均应贴以标签。标签应该选较硬的纸片用铅笔书写，内容应包括标本编号、采集地点、宿主及其产地、寄生部位、虫名、保存液种类和采集时间，将以上内容一式两份书写，一份与虫体一同放于瓶内，一份贴于瓶外。

③吸虫的染色和制片。吸虫标本的形态观察常需制成染色装片标本或切片标本。切片标本的制作与组织切片相同。如需要做成染色整体装片标本，则把投入上述酒精或福尔马林溶液内固定的吸虫取出，经水洗后进行染色、脱水、透明、封固、干燥，制成永久性玻片标本。常用的整体装片标本的染色方法有苏木素染色法和卡红染色法。

苏木素染色法染色步骤如下。

A.将保存于福尔马林溶液中的虫体取出以流水冲洗。如虫体原保存于70%酒精中，则将固定好的虫体投入梯度酒精中，50%酒精（30 min）、30%酒精（30 min）、蒸馏水（10 min）。

B.染色。将德氏苏木素染液加蒸馏水10～15倍稀释，使其呈浓葡萄酒色。将以上虫体移入此稀释的染液内，染色过夜（12 h）。

C.将虫体从染液中取出，用蒸馏水洗去浮色，依次投入30%、50%、70%梯度酒精中，每级酒精脱水0.5～1 h。

D.分色。用盐酸酒精分色5～10 min，至虫体变成淡红色。

E.脱水。将虫体依次移入80%、90%、95%和100%Ⅰ梯度酒精、100%Ⅱ梯度酒精中，每级酒精中脱水20～30 min。

F.透明。将虫体移入二甲苯中透明1～2 min。

G.将透明的虫体放于载玻片上，滴一滴加拿大树胶，加盖玻片封固。

卡红染色法，常用的染色液有盐酸卡红和硼砂卡红。具体染色方法如下。

A.染色。原保存于70%酒精内的标本，可直接取出投入染色液中染色。保存于福尔马林液内的虫体标本，应先取出流水冲洗1～2 h，然后投入梯度酒精中，30%、50% 、70%的酒精各0.5～1 h，再投入染液中，在染液中过夜（12 h），使虫体染成深红色。

B.分色。从染液中取出虫体，放入盐酸酒精中分色，使颜色深浅分明，即虫体外层呈淡红色，内部构造呈深红色。

C.脱水。将虫体依次移入80%、95%、100%Ⅰ梯度酒精、100%Ⅱ梯度酒精中，每级酒精中脱水20～30 min。。

D.透明。将虫体移入二甲苯中透明1～2 min。

E.将透明的虫体置于载玻片上，滴一滴加拿大树胶，加盖玻片封固。

(2)绦虫整体染色标本片的制作方法。

①绦虫的采集。大部分绦虫寄生于肠管中,并以头节牢固地附着于肠壁上。采集标本时为了保证虫体的完整,切勿用力猛拉,而应将附着有头节的肠段剪下,连同虫体浸入清水中。5～6 h后,虫体会自行脱落,体节也自行伸直。

②绦虫的固定。将收集到的完整的绦虫用生理盐水洗净后,浸入劳氏固定液、70%酒精或5%福尔马林液中固定。

如欲做瓶装陈列标本,以福尔马林溶液固定为好。在固定之前,必须将虫体放在生理盐水中充分洗净,为了使虫体松弛,也可将其放入含1%氨基甲酸乙酯的生理盐水中至虫体充分伸展,便于以后观察。有的绦虫较长,易断裂且相互缠结,固定时可小心地将虫体排列在玻璃板上,用线扎起来,或者将虫体缠绕在玻璃瓶上。也可以在大烧杯中先放入用固定液浸润的滤纸一张,提取虫体后端,使虫体由头节开始逐步放落在滤纸上,加盖一层湿滤纸;再以同样的操作,放上第2条虫体;如是操作,放好所有虫体后将固定液轻轻注满烧杯,固定24 h。保存于瓶内的标本应登记并加标签,其注意事项同吸虫。

如要制作染色标本,用劳氏固定液或70%酒精固定为好。挑选绦虫的头节(连同后方的若干颈节)、成熟节片及孕卵节片,剪成若干段,每段长2～4 cm。将此片段放在滤纸上吸干水分,再如前述吸虫一样压薄、固定,以至封固成永久保存标本。绦虫头节是决定绦虫种类的重要依据,应选为装片标本的材料。因其太小,压片时不需用大的压力。可将头节放在载玻片上,加盖盖玻片之后,由一端滴入固定液,另一端以滤纸吸出固定液,如此反复使固定液通过数次,即可达到固定的目的,不必绑扎。约1 h后即可放在水中将头节从载玻片上取下,然后进行染色。

③染色程序与制片。固定好的绦虫头节和其他节片标本经流水冲洗后即可染色。绦虫标本经染色后,还需要经过分色、脱水、透明、封固、干燥,制成永久性玻片标本。脱水,用70%酒精脱2次,每次15 min,80%酒精30 min,95%酒精1 h,100%酒精3次,每次15 min。其他步骤同吸虫整体装片标本的制作方法。

用福尔马林固定的标本,必须在染色前充分水洗,才能着色均匀,染好的标本必须经水洗后才能进行分色。染色、分色中都应随时翻动标本,使其着色均匀。透明时间不宜过长,观察到已透明,立即用树胶封固,封固时切忌留有气泡在内。透明后选用适当虫体或虫段的标本,应达到上下左右排列对称,标本虫体宜放置于载玻片的右1/3与中1/3交界处,而且应该将虫体的前端向下,便于在载玻片左端贴标签(镜检时为正像,显得美观大方,而且便于观察绘图)。

(3)线虫整体透明标本的制作方法。

①线虫的采集。在剖检家畜时,发现虫体后,用牙签或毛笔将虫体挑出,大型线虫如蛔虫、棘头虫,收集后在生理盐水中仔细洗净,除去虫体上的粪便和黏液后,投入固定液。寄生于肺部的线虫、丝虫目的线虫和马、牛、羊胃肠道内的各种线虫,用牙签小心挑出,用生理盐水反复振荡洗净后即应尽快放于固定液中固定,否则虫体易破裂。线虫雌雄异体,雌虫一般较雄虫大,在虫体鉴定时,常需依雄虫的某些形态特征作为依据,因此,采集虫体时不可忽视较小虫体的采集。一些有较大口囊的线虫(如圆线虫、夏伯特线虫、钩口线虫等)和有发达交合伞的线虫,其口囊或交合伞中常包含大量杂质,妨碍以后的观察,应在固定前用毛笔洗去或充分振荡以洗去,而后固定。

②线虫的固定。可采用酒精或福尔马林固定。用甘油酒精固定时,把虫体投入煮沸的甘油酒精(5%甘油5 mL、80%酒精95 mL)中,使虫体伸直,然后即保存在甘油酒精内。或先把70%酒精加热到70 ℃左右(在火焰上加热时,酒精中有小气泡升起时即约为70 ℃),将洗净的虫体移入,虫体在热固定液中伸直而固定,待酒精冷却后,将虫体移入甘油酒精中,贴上标签保存。标签的书写内容与吸虫同。用4%福尔马林固定液固定时,先将福尔马林固定液加热到70 ℃,再投入虫体,虫体即保存于福尔马林固定液内。或把虫体投入30 ℃左右的生理盐水中浸泡30 min左右,待虫体伸展后再保存于福尔马林固定液内,也可以移入含5%甘油的80%酒精中加标签保存。

大型线虫(如马副蛔虫)采取后,需用生理盐水洗净,以4%福尔马林固定保存。保存在10 mL福尔马林、10 mL冰醋酸加80 mL蒸馏水中效果更好。

小型线虫采取后,用生理盐水洗净,并计算虫体数目,为以后透明虫体、方便计算,可用热的5%甘油酒精固定后保存。

在固定棘头虫时,如果它们的吻突缩在吻囊里,则需用手轻压,使吻突伸出后,再用70%酒精固定保存。

③线虫的透明与制片。线虫固定后,是不透明的,欲进行线虫形态的观察必须先进行透明或装片。为了能从不同的侧面对虫体形态进行观察,以不做固定装片为好,这样可以在载玻片上将虫体翻动,观察得仔细。虫体的透明方法,常用的有甘油透明法、乳酸酚法和石炭酸透明法。

A.甘油透明法。将保存于甘油酒精中的虫体连同保存液倾入蒸发皿中,置于温箱中,并不断滴加少量甘油,直到酒精蒸发殆尽,此时留于残存甘油中的虫体即已透明,可供检查。如欲在短时间内完成这一透明过程,可将蒸发皿放于一加有热水的烧杯上,以酒精灯加热,促使蒸发皿中的酒精在短时间内挥发,从而达到透明虫体的目的。此法透明后的标本,即可保存于甘油内。

B.乳酸酚法。乳酸酚又称乳酚油（阿曼氏液），是一种良好的透明液。虫体自保存液中取出后，应先移入乳酸酚与水的等量混合液中，30 min后再移入乳酸酚中，数分钟后虫体即透明，可供检查。检查后虫体应自透明液中取出，移回原保存液中保存。

C.石炭酸透明法。虫体自保存液中取出，放于纯石炭酸溶液中（石炭酸原为针状结晶，纯溶液指含水10%的溶液），虫体很快透明。若透明过度，可于检查时，在盖玻片边缘（盖玻片下是浸在石炭酸中的虫体）滴加无水酒精一滴。透明液对人有腐蚀性，对虫体也有损害，故观察后应立即将虫体移回原保存液中，并在短期内更换保存液3次，以除去残留的石炭酸，否则虫体会变成棕褐色。

大型和中等大小的线虫可用苯酚酒精混合液进行透明，将固定好的虫体放在载玻片上，滴加此混合液后加盖玻片，移到显微镜下观察。也可用甘油乳酸等量混合液透明。如需虫体更为透明，可滴加少量乳酸酚，即可观察。一般不做成装片标本。

小型线虫如仅有少数虫体，可在采集标本后即行观察，把已洗净的虫体放在载玻片上，滴加数滴乳酸酚，加盖片经数分钟待其透明后，便可镜检观察。用4%福尔马林固定的虫体，需先用蒸馏水充分冲洗除去福尔马林后再放入甘油酒精内，置于水浴锅上加热，使水分和酒精渐渐蒸发，并慢慢滴加甘油，透明过程中务必使甘油混合液淹过全部虫体，以防虫体干枯，直到虫体完全透明为止。经过这样处理的虫体可长期保存在原甘油内。鉴定时逐条取出虫体，滴加少量甘油加上盖片，即可镜检观察，十分方便。

有时为了某种需要，亦可将小型线虫制成不染色装片标本。制作时虫体不染色，依次通过70%、80%、90%、100%的酒精梯度脱水各0.5 h，最后在水杨酸甲酯或二甲苯中透明，透明后移于载玻片上，滴加拿大树胶，加盖玻片封固。

如在虫体脱水前，按吸虫制片的方法，将虫体先以苏木素或卡红染色，而后制成装片标本，则效果更好。

（4）原虫标本制作方法。

①原虫的采集。肠道内的原虫（如溶组织内阿米巴、兰氏贾第鞭毛虫、结肠小袋纤毛虫等）生活史中均有滋养体与包囊两个时期。滋养体通常出现于液质或半液质以及含有黏液脓血的粪便内，包囊则见于成形或半成形的粪便中。采取粪便一定要新鲜。腔道内原虫（如阴道毛滴虫）采集时，需要收集阴道分泌物接种于培养基内，经培养使该原虫繁殖，然后涂制标本，这样易于检出。亦可取少量标本，不经培养直接涂片镜检，检出率较低。组织内原虫的采集，取急性患畜的体液、脑脊液经离心沉淀后取沉渣做涂片。当虫体较少时，可将待检体液或组织磨碎，加适量无菌生理盐水稀释或制成混悬液，注射于小白鼠腹腔内，约经过13周，取腹腔渗出液或小白鼠肝、脾、脑磨碎制成厚膜涂片。

②原虫的固定、染色与保存。当采到肠道内的新鲜原虫标本时，无论是滋养体还是包囊，应立即制成涂片标本，用肖定氏固定液固定，固定 10 ~ 60 min，固定完成后用 70% 酒精换洗后保存，以备日后染色制片观察。肠原虫滋养体在体外容易死亡分解，应趁新鲜及时涂片固定，包囊除了涂制玻片标本染色外，亦可保存于 5% 甲醛生理盐水中。保存方法是将含有原虫包囊较多的粪便用 5% 甲醛生理盐水调成悬液经 60 目铜筛过滤于尖底量筒中，静置 3 ~ 4 h 后，倾去上清液，再将新的 5% 甲醛生理盐水倒入瓶中保存。检查时，用吸管吸取此混悬液一滴置于载玻片上，盖上盖玻片用高倍镜镜检。如需染色检查时，可加入碘液 1 滴与粪液相混后检查。此法可保持包囊形态较长时间不变。

③腔道内原虫的固定、染色与保存方法（以阴道毛滴虫为例）。用吸管吸取 1 小滴滴虫悬液于载玻片中央，由中央开始逐步以同心圆形式向外涂布，最后尚未涂完的液体弃去。涂片自然干燥后，再放入盛有甲醇的染色缸中固定 10 min，即可短期保存。染色用吉氏染液染色 30 ~ 60 min，水洗晾干后即可长期保存。

组织内原虫的涂片和血液涂片经自然干燥后用甲醇固定，吉氏染液染色，水洗晾干后即可长期保存。

（5）节肢动物标本的制作方法。

蚊、蝇等成虫通常用针插好晾干存放于昆虫盒内保存，盒内应放樟脑块以防虫蛀。蚤、虱、蜱、螨等成虫或者发育各期均应保存于 70% 酒精中。染色标本以蠕形螨为例。染色方法用二甲苯 + 缓冲液法，取含有蠕形螨的皮脂，置于含有二甲苯和磷酸缓冲液（PBS，pH7.4）的试管中，搅匀后静置 5 min，150 $g \cdot min^{-1}$ 离心后弃上清，重复 3 次，沉淀物移入 3% ~ 5% 戊二醛液固定 10 ~ 15 min，用 PBS 缓冲液洗涤、离心，沉淀物备用。取上述沉淀物于试管中，分别用 1% 酸性品红、苏丹Ⅲ染色，经分色冲洗后用甘油明胶封片，镜下观察。

（6）寄生虫卵标本制作方法。

①寄生虫虫卵的采集与固定。小型虫卵取 5 ~ 10 g 粪便，放入小烧杯内，加少量清水混匀后通过 80 ~ 100 目尼龙网过滤。水洗沉淀法直至上部的水澄清为止。低速离心后，取上述沉淀用 5% 福尔马林固定保存。大型虫卵需要以 40 ~ 60 目尼龙网过滤粪液，其他操作方法与小型虫卵的收集、固定、保存方法相同。固定蛔虫受精卵时，须将固定液加热至 50 ~ 60 ℃，以阻止卵细胞继续发育。

②虫卵标本的制作。常用的有琼脂糖为介质水溶性虫卵玻片法、甘油明胶玻片法和蜡圈、蜡纸单层盖玻片法等。

蜡圈、蜡纸单层盖玻片法。用金属打孔器将蜡纸制成内、外径分别为 6.14 mm 的纸圈备用。将离心管口在酒精灯火焰上适当加热后，蘸取已热熔的石蜡扣于载玻片中央形成一蜡圈，待其凝固。将已凝固的蜡圈载玻片在酒精灯火焰上方适当加热至蜡熔解为宜。用镊子夹取蜡纸圈1个，平放入已熔解的蜡圈中，待冷却整平后，滴加已固定好的虫卵悬液1～2滴，加盖盖玻片，用滤纸吸去盖玻片周围溢出的溶液。用中性树胶封盖片四周，制成标本。封片后应及时将玻片标本放入冰箱（2～10 ℃）内保存15～20 min，使中性树胶表层在短时间内凝固，以避免树胶中二甲苯被石蜡溶剂渗入蜡圈而影响标本质量。

（7）寄生虫虫种鉴定。

形态学鉴定法仍然是寄生虫种类鉴定的最主要方法之一。根据寄生虫的外部形态、内部构造及超微结构等形态学特征，可以直观地、便捷地进行种类鉴定。对于根据形态学特征难以鉴定的某些近缘种，可结合寄生虫的生活史、宿主、寄生部位等特征进行鉴定。

随着生物技术的发展，聚合酶链反应（PCR）、同工酶电泳技术、免疫技术、分子细胞学技术、DNA杂交、种群基因结构分析及测序等多种现代生物学技术在寄生虫的种类鉴定中已经得到广泛应用。

PCR是一种DNA体外扩增方法，它可将一小段目的基因扩增至数以亿倍，其扩增效率使得该方法可检测到单个虫体或仅部分虫体的痕量DNA及其片段。通过设计针对病原种、株特异的引物，此法能扩增出种、株特异的PCR产物，具有很高的特异性和灵敏性。而且PCR技术的操作过程也相对简便快捷，无需对病原进行分离纯化，同时可以克服抗原和抗体持续存在的干扰，可用于动物寄生虫虫种鉴定。其操作步骤如下。

①寄生虫基因组DNA的提取及纯化。

A.虫体材料的处理（若为新鲜或冻干保存的虫体，则不需要此步骤）。若虫体（蠕虫类）较大，用镊子将保存在70%酒精溶液中的虫体材料取出，剪取其中部，保存其头端或尾端部分。用双蒸水冲洗2次后，再用超纯水反复冲洗2～3次，置于一高压灭菌的1.5 mL离心管中。若虫体较小，取一整条虫体经如上洗涤处理。

B.虫体材料的裂解。用灭菌且经紫外灯照射过的微型眼科剪刀将虫体组织剪碎，加入280 μL的SDS裂解缓冲液，轻轻混匀，再加20 μL（25 $\mu g \cdot \mu L^{-1}$）的蛋白酶K溶液，混匀后，放入恒温培养箱中，37 ℃作用12～48 h，其间不时摇动离心管，使虫体组织裂解充分。

对于鸡球虫、隐孢子虫等原虫，将纯化好的卵囊3000 $r \cdot min^{-1}$离心10 min，去掉大部分上清液后加入与卵囊体积相同的玻璃珠，漩涡振荡直到有95%卵囊破壁后，即可加入SDS裂解缓冲液及蛋白酶K溶液。混匀后，放于恒温培养箱中，37 ℃作用12～48 h，其间不时摇动离心管，使虫体组织裂解充分。如果消化后仍含有未溶解的沉淀，将该离心管于13000 $r \cdot min^{-1}$下离心2 min，去上层液转移至新的离心管中，标记。

C. 虫体DNA的抽提。将裂解后的溶液充分摇匀，用5000 r·min^{-1}离心2 min；取上清液5 mL于灭菌离心管中，加入300 μL Tris酚溶液，缓慢轻柔地将其混匀，室温下12000 r·min^{-1}离心1 min；取上清液于新离心管中，加入等体积苯酚/氯仿（1:1）和1/10体积的异丙醇，充分混匀，室温静止10 min；再用12000 r·min^{-1}离心10 min，取上清液于新离心管中，加入2倍（预先冷冻）无水乙醇和1/10体积的3M NaAc·3H_2O，充分混匀，-20 ℃静置30 min；在4 ℃下用12000 r·min^{-1}离心15 mim，弃上清液并加入1 mL70 %乙醇，12000 r·min^{-1}离心5 min，弃上清液真空烘干或自然干燥；加入30 ~ 50 μL预热的双蒸水（60 ~ 70 ℃）于-20 ℃保存。

②寄生虫DNA的PCR扩增及琼脂糖电泳。

A. PCR扩增。按扩增体系中各试剂的量在200 μL离心管中依次加入试剂，经离心混匀后于PCR扩增仪中按已设好的PCR扩增条件进行扩增。

如肝片形吸虫核糖体内转录间隔区（Internal Transcribed Spacer，ITS）基因的扩增体系为：

ddH_2O	15.75 μL
10×PCR buffer（Mg^{2+} Free）	2.5 μL
dNTPs（2.5 mmol· L^{-1} each）	2 μL
$MgCl_2$（25 mmol· L^{-1}）	3 μL
上游引物（50 pmol· μL^{-1}, JB3）	0.25 μL
下游引物（50 pmol·μL^{-1}, JB4.5）	0.25 μL
E×*Taq*酶（5 U· μL^{-1}）	0.25 μL
模板（gDNA）	1 μL
总量	25 μL

PCR扩增条件：94 ℃预变性5 min；变性，94 ℃，30 s；退火，55 ℃，30 s；延伸，72 ℃，60 s。

循环35次后，72 ℃延伸5 min。扩增完毕后，取出PCR扩增产物于4 ℃/- 20 ℃冰箱保存备用。

B. 琼脂糖凝胶电泳。

制备凝胶：胶浓度视具体情况而定。以配制0.8%琼脂糖凝胶为例，准确称取0.8 g琼脂糖加入100 mL 0.5×TBE电泳缓冲液，于微波炉中或高压灭菌器内熔化均匀，冷却至50 ℃左右（以手触及瓶底不烫手为好，注意冷却温度不能过低，否则会造成凝胶凝结），加入溴化乙啶（EB）（10 mg·mL^{-1}，按8.3 μL EB/100 mL加入琼脂糖凝胶液），混匀后倒入已封好的凝胶灌制胶模中，插上样品梳。待胶凝固后，从胶模上除去封带，拔出梳子放入电泳槽中，加入足够量的电泳缓冲液（要求缓冲液液面高出凝胶表面约1 mm）。

点样：取PCR扩增产物3～5 μL，与适量的加样缓冲液（10×Loading buffer）混匀，然后用取液器将样品加入点样孔中，同时根据所要测定的片段大小来选择合适的DNA标准物（DNA Ladder）作为参照。

电泳：接通电极（点样孔所在的一侧接通电源的负极），使DNA向阳极移动，在1～10 V/cm凝胶的电压下（常用100 V）进行电泳。当加样缓冲液中的溴酚蓝迁移至足够分离DNA片段的距离时（依据经验，通常20～30 min为宜），关闭电源。

结果观察：将电泳好的琼脂糖凝胶置于紫外透射仪中，打开紫外灯，若看到橙红色的核酸条带，则说明有扩增的PCR产物。通过与DNA Ladder比对，可粗略估计该条带的DNA量；根据与已知分子质量的标准DNA的对照，通过线性DNA条带的相对位置可初步估计扩增产物的分子质量。如果仅出现预期分子质量大小的条带而无非特异性条带，则说明扩增的特异性较好。如果扩增片段除了预期大小片段外还有其他条带，说明扩增的特异性差，根据实验的下一步需要确定是否需要进一步优化（通常对温度、Mg^{2+}、模板和引物的浓度进行优化）。如果扩增结果比较满意，则用凝胶成像系统进行摄影，打印图像用于实验结果的记录，也可以保存电子图像用于电子数据的记录。

③PCR扩增产物的纯化，用切胶纯化法。按照TransGen Biotech公司EasyPure™ Quick Gel Extraction Kit胶回收试剂盒的指导说明进行操作。

3.注意事项

（1）标本进行固定操作时，应根据虫体的大小、厚薄、质地以及当时的室温，合理选择固定液的种类、用量和时间等。

（2）苏木素染色液不能直接用来染色，必须暴露在空气中变成氧化苏木精（苏木素）后才能使用。一般苏木素在空气中暴露3～5 d后即可使用，配制后时间愈久，着色力愈强。苏木素染色法操作比较简单，其关键点是染色、分色、脱水和透明的时间。染色时间宜长不宜短；分色要恰到好处，颜色不能过重也不能过浅；脱水要充分，在高浓度酒精中时间不能太长，高浓度酒精很容易使染好的标本变脆；透明时间1～2 min即可，时间太长染出的标本会变得很脆，不宜封片。苏木素染色液性能稳定，重复使用效果也很好，陈旧的苏木素染色液可经过滤等方法去除染色液中的沉渣后仍可使用。

（3）卡红染色过程中，如果水分不能完全脱尽，在封片时会使中性树胶变得浑浊，不利于观察。标本经脱水等程序后体内仍可能存在一些杂质，会影响光线的透入，不利于观察，必须放置于透明剂中增加透光度。常用的透明剂大都是具有挥发性而不能与水互溶的油类（二甲苯）。

（4）封片是标本制作的最后一道工序。目的在于使标本能永久的保存，并且便于在显微镜下观察。在封片时所滴加的中性树胶的量十分重要，过量则影响美观，不足则无法使标本与外界空气隔绝，缩短标本的保存寿命。滴加树胶时应先将树胶滴在标本的一侧，然后将盖片从树胶的一侧轻轻盖上，直至完全将标本封在其内。标本经封片后可防止与空气接触，避免被氧化而脱色以及受潮、干裂和损坏。更为重要的是，封片后的标本显得更为充实，其折光率和玻片折光相近，从而可获得更佳的镜检效果。

(5)寄生虫基因组DNA的提取及纯化。

①操作中所使用的镊子和剪刀一定要事先灭菌并于超净工作台中紫外照射1～1.5 h，以保证没有污染其他DNA。

②吸取上清液时，应注意勿将下层沉淀物吸入以免带入蛋白质和有机溶剂等杂质，但也不要余下太多上清液，致使DNA损失较多。

③整个操作过程中，一定注意不要交叉污染。如同时进行多个虫体DNA的提取，一定要做好标记。操作完毕后，台面要用酒精擦拭2次；镊子和剪刀经清洗后先用酒精消毒，再用紫外灯照射1～2 h以破坏或降解残余的DNA，以免污染其他实验。也可以采用高压灭菌的方式进行器械消毒。

(6)寄生虫DNA的PCR扩增及琼脂糖电泳。

①在PCR扩增操作过程中，一定要注意每加完一种试剂后，要换一次枪头，以免试剂被污染，且加试剂时一定要注意不要加错、重加或漏加(通常在记录本上对加入的试剂进行标记)，最后加模板DNA时要用记号笔在管上做好标记，以免结果混淆。

②用微波炉熔胶时，胶液的量不要超过三角瓶容量的1/3，否则容易溢出。同时在熔胶过程中建议每15 s观察一次，并进行摇动，以增强熔胶效果。

③煮好的胶应冷却至50 ℃左右时再倒入胶模中，以免胶模受热变形，并减少漏胶的机会。

④倒胶注意厚度(4～6 mm)，充分凝固后再拔出梳子，以保持齿孔形状完好。也可待胶稍凝固后，放入4 ℃冰箱10 min左右，以加速胶的凝固。也可用肉眼观察，待胶由透明的液体变为灰白色，表明胶已经凝固。

⑤加样前需赶走点样孔中的气泡，点样时吸管头垂直，切勿碰坏凝胶孔壁，以免使带形不整齐。

⑥凝胶中含有EB(有潜在的致癌性)，不要直接用手接触凝胶，操作时要戴上手套。废弃胶应放入带有生物安全标识的桶中，切勿丢入水池或其他废弃桶中。

(7)PCR扩增产物的纯化。

①切胶回收时，于紫外透射仪中切胶的时间应尽可能短，以减少凝胶在紫外光照射

下的时间。

②切胶回收时，对于高浓度的胶（1.5%～2%），每100 mg凝胶加入700 μL Binding buffer，熔胶时间可以延长到15 min，以保证凝胶全部熔化。

③切胶回收时的琼脂糖凝胶电泳，必须将电泳槽用自来水充分冲洗，其电泳缓冲液一定要换新鲜干净的，以保证不会有其他DNA污染。

④PCR产物直接纯化时，扩增产物的特异性必须非常高，对于特异性差的反应，应从琼脂糖凝胶中回收目的片段，引物的长度如大于60 bp，同样要求用胶回收法来回收扩增的DNA片段。

⑤使用PCR产物纯化试剂盒时，模板DNA的存在不影响下游工作，而对于质粒模板则要特别小心。

【评价考核】

1.实训结束后每组交一套寄生虫标本，每人交一份实验报告，总结各类寄生虫标本的制作方法。

2.总结PCR技术的基本原理及PCR扩增、琼脂糖凝胶电泳的注意事项。

3.实训成绩以30%～50%记入课程成绩。

【参考阅读】

1.常用固定液的配制

（1）劳氏（Looss）固定液。取饱和升汞溶液（约含升汞7%）100 mL，加冰醋酸2 mL，混合即成。

（2）酒精-福尔马林-醋酸固定液（A. F. A固定液）。本液以95%酒精50份，福尔马林（含甲醛40%）10份，醋酸2份，水40份混合而成。

（3）福尔马林固定液。一般用10%甲醛（即取福尔马林1份与水9份混合即得）或4%甲醛（即取福尔马林1份与水24份混合即得）作固定液。

（4）肖定氏（Schaudinn）固定液。含升汞饱和水溶液2份，95%乙醇1份，每100 mL混合液中加入冰醋酸5～10 mL。适用于固定肠原虫涂片。

2.常用染色液的配制

（1）德氏（Delafield）苏木素染液。先将苏木素4 g溶于95%酒精25 mL中，再向其中加入400 mL饱和铵明矾（Ammonium Alum）溶液（约含铵明矾11%）。将此混合液暴晒于日光及空气中3～7 d，待其充分氧化成熟，再加入甘油100 mL和甲醇100 mL保存，待其颜色充分变暗，滤纸过滤，保存于棕色瓶中备用。

（2）盐酸卡红染液。蒸馏水15 mL加浓盐酸2 mL，煮沸，趁热加入卡红染粉4 g，加入85%酒精95 mL，再滴加浓氨水中和，待出现沉淀为止，放凉，滤纸过滤，滤液保存于棕色瓶中备用。

（3）硼砂卡红染液。4%硼砂（$Na_2B_4O_7$）溶液100 mL，加入卡红染粉1 g，加热溶解后，待冷，再加入70%酒精100 mL，滤纸过滤，滤液保存于棕色瓶中备用。

（4）吉氏染液。吉氏粉5 g，甲醇250 mL，甘油250 mL。方法：将吉氏粉置于研钵中，加入少量甘油充分研磨，然后边加边磨，至甘油加完为止，倒入500 mL有塞玻璃瓶中。在研钵中加入少量甲醇，洗掉剩余部分，倒入瓶内，再加再倒，至甲醇洗净研钵中的甘油为止。塞紧瓶塞，置于室温下，每天用力摇动溶液5 min，3 d后即可使用。

3. 其他试剂的配制

（1）盐酸酒精。80%酒精100 mL加入2 mL浓盐酸。

（2）乳酸酚。甘油2份，乳酸1份，石炭酸1份和蒸馏水1份混合而成。

（3）DNA裂解液。500 $mmol \cdot L^{-1}$ NaCl 70 μL、100 $mmol \cdot L^{-1}$ Tris-HCl（pH 8.0）30 μL、50 $mmol \cdot L^{-1}$ EDTA（pH 8.0）150 μL、10%SDS 30 μL。

（4）0.5×TBE缓冲液。Tris碱5.4 g，硼酸2.75 g，充分溶解于800 mL去离子水中，加10 mL 0.5 $mol \cdot L^{-1}$ EDTA（pH 8.0），用去离子水定容至1000 mL。

4. 载玻片/盖玻片的准备

用洗衣粉逐张清洗新载玻片后，清水浸泡1 d后取出，用洁净纱布吸干水分，放入95 %酒精液中浸泡1 d，用绸缎擦亮，放入玻片盒内保存备用。

将盖玻片分散在培养皿中，用95 %酒精加盖浸泡1 d。盖玻片取出后用绸缎擦亮，放入玻片盒内保存备用。

5. 寄生虫基因组DNA的提取

寄生虫虫体的各个部位都可以作为基因组DNA的抽提材料，如果虫体较大，可取其中部而保存其头部及尾部，以备形态学鉴定以验证其种类。如果虫体较小（小于1 cm），则应使用整条虫体抽取DNA。若虫体特别细小（例如幼虫），可用多条虫体来提取DNA。为了获得高含量、高纯度的DNA，最好使用新鲜材料。从冻干或50%～70%乙醇保存的寄生虫材料中也可较容易提取到DNA。

寄生虫DNA的抽提方法有多种，不同种类的寄生虫虫体都有其最适合的抽提方法，但各种方法的基本原理都一样。先用机械方法将虫体组织破碎，然后加入DNA裂解液和蛋白酶K，充分作用后，虫体组织中的细胞膜破裂，蛋白质变性，将虫体基因组DNA释放到溶液中。在裂解过程中，虫体细胞碎片及大部分蛋白质会相互缠绕成大型复合物，离心即可除去。用苯酚处理匀浆液时，由于蛋白与DNA连接键已断，蛋白分子表面又含有很多极性基团与苯酚相似相溶，蛋白分子溶于酚相，而DNA溶于水相。离心分层后取出水层，多次重复操作，再合并含DNA的水相，利用核酸不溶于醇的性质，用乙醇沉淀DNA，可从上清中回收虫体基因组DNA。

【文献拓展】

1. 皮本伟，牛利娜，李丹，等. 旋毛虫肌幼虫囊包染色标本制作方法的改进[J]. 中国病原生物学杂志，2012，7(1)：48-49.

2. 陈熙，杨立军. 三种永久虫卵封片标本制作方法的比较[J]. 昆明医科大学学报，2013(3)：138-139.

3. 胡守锋，刘家荣，孙新，等. 永久性混合虫卵玻片标本制作和使用效果观察[J]. 中国病原生物学杂志，2009，4(6)：474-475.

4. 利国，楼理洋，周晓蓉. 哨鼠监测中日本血吸虫成虫和虫卵玻片标本的制备方法[J]. 热带病与寄生虫学，2017，15(4)：207-208.

5. 师永霞，黄吉城，苏锦坤，等. 巢式PCR法在疟疾检测及虫种鉴定中的应用[J]. 中国寄生虫学与寄生虫病杂志，2011，29(4)：263-266.

第十章　鸡球虫病的药物防治试验

球虫病是鸡场危害最严重的疾病之一，15～50日龄雏鸡感染死亡率高达80%。球虫人工感染试验不仅可以直观了解球虫的致病性，而且是评价药物和疫苗抗球虫效果的基础性试验。

目前防治鸡球虫病主要依赖于药物，在生产上及时了解不同地区毒株对各种抗球虫药物的敏感程度，对生产上药物的使用具有指导性意义，在很大程度上可以减少临床和亚临床球虫病的发生。

实验3　鸡球虫人工感染试验

【实训任务】

1.掌握球虫卵囊计数方法。

2.掌握鸡球虫的人工感染技术，观察鸡球虫病发病过程，强化对球虫病危害性的认知。

【实训方案】

1.实训材料

(1)虫种。

柔嫩艾美耳球虫孢子化卵囊，4 ℃保存于2.5%重铬酸钾溶液中。

(2)试验动物。

13日龄无球虫雏鸡。

(3)仪器及其他材料。

显微镜、麦克马斯特虫卵计数板、1mL 和 100 μL 微量移液器、手动计数器、载玻片和盖玻片、胶头滴管、饱和氯化钠溶液、饲料、鸡笼、雏鸡料槽和水槽等。

2. 实训步骤

(1)球虫卵囊计数。

按照卵囊悬液:饱和氯化钠溶液按1:9的比例混合均匀,迅速从上缘注入计数室内,在显微镜载物台上静置3～5 min,待卵囊漂浮到上层;然后在10×物镜下观察并计数。每个计数室内有100个小方格,计数室体积为1 cm×1 cm×0.15 cm=0.15 mL,查完100个小方格内的卵囊数量n,然后计算每毫升卵囊悬液中的卵囊总数量M,按照公式$M=(n/0.15)\times 10$计算。

如果视野内卵囊数量太多(以每个小方格内5～20个为宜),可用水适当倍比稀释后再按上述操作方法计数。

(2)卵囊孢子化率计算。

吸取少量卵囊悬液,滴于载玻片上,盖上盖玻片,置于40×物镜下观察孢子化卵囊,能看到3个以上孢子囊视为孢子化卵囊。随机观察5个视野,记录每个视野中孢子化卵囊和未孢子化卵囊数量,最后计算孢子化卵囊所占的比例$a\%$。最后计算上述每毫升卵囊悬液内孢子化卵囊数量$N=M\times a\%$。

(3)卵囊接种。

采用嗉囊接种。具体操作:一人保定雏鸡,将其颈部拉直,使其口部张开;另一人用微量移液器或胶头滴管吸取0.5 mL含有5×10^5～6×10^5个孢子化卵囊的悬液,贴着下颚插入雏鸡嗉囊(约插入1.5 cm深度,感觉没有阻力说明准确插入嗉囊),将卵囊悬液注入嗉囊。如果鸡个体较小,可以一人操作,左手保定雏鸡,右手接种球虫卵囊,操作要领同上。同时设立空白对照组。

(4)观察发病过程。

接种后于笼内饲养,每天定时加水和加料。于接种后第3 d开始观察鸡的采食、饮水、拉血便及精神状态等情况。在接种后第4～7 d记录死亡率,接种后第7 d将试验组和空白对照组的鸡剖检,观察盲肠病变。

3. 注意事项

(1)只有孢子化的卵囊才有感染性,因此所用卵囊必须孢子化,保存期不能多于6个月。

(2)每只鸡必须感染不少于5×10^5个孢子化卵囊,少于此,可能致病特征(包括主要症状和病变)不明显。

(3)嗉囊接种时,不要误入气管;保定时,力度不要过大造成雏鸡窒息死亡;微量移液器吸头插到嗉囊后,按下微量移液器按钮将卵囊悬液注入嗉囊后,不要急于松开按钮,等离开口腔后再松按钮,否则会将卵囊悬液倒吸回去。

【结果分析】

1.临诊观察

试验期间,空白对照组鸡的精神状态、食欲、粪便均正常。感染组有不同数量的鸡表现为精神沉郁,羽毛松乱,不爱活动;食欲废绝,鸡冠及可视黏膜苍白,逐渐消瘦;排水样稀便,并带少量血液,甚至粪便呈棕红色,严重的变成血便。观察死亡鸡只的盲肠病变,两侧盲肠高度肿大,盲肠内充满新鲜血液、暗红色血液或血凝块,具有典型盲肠球虫病的病理变化。

2.卵囊的分离和培养

分别取感染鸡的粪便和盲肠内容物置于干净烧杯内,用剪刀剪成小段,然后用匀浆机绞碎,用纱布或筛网过滤,弃去体积大的残渣。对滤液进行3000 $r \cdot min^{-1}$离心,沉淀5 min,弃上清液,沉淀加5倍体积的饱和氯化钠溶液用玻棒搅匀,3000 $r \cdot min^{-1}$离心漂浮5 min;小心倒出上清液于另一干净烧杯内,弃去沉淀。然后用自来水5倍稀释上清液,3000 $r \cdot min^{-1}$离心沉淀5 min,然后弃去上清液,沉淀用2.5%重铬酸钾溶液悬浮收集到干净锥形瓶内。最后于28 ℃摇床内孢子化培养48 h,镜检孢子化率达80%以上即可,保存于4 ℃冰箱。

【评价考核】

1.实训结束后两周内提交实训总结报告。要求每人独立撰写一份,书写格式按学校规范,每人要对实训结果数据进行独立统计分析,并总结参加本实训后的收获与体会。

2.实训成绩以30%~50%记入课程成绩。

【参考阅读】

1.卵囊的分离和纯化

卵囊存在于宿主粪便和组织中。分离粪便中的卵囊多采用饱和食盐水(或硫酸镁、蔗糖等)溶液漂浮法和离心法;分离组织中的卵囊一般采用铬硫酸分离法和蛋白酶消化法。单卵囊分离法是指从混合虫种的卵囊中分离出单个卵囊,以备进一步扩增所需的"克隆"卵囊。

尽管有许多分离卵囊的方法，但其基本原理是一样的，即根据卵囊与杂质密度的不同。对于组织中的卵囊，尚需借助消化液或酸的作用，破坏组织中的细胞，以利卵囊的提纯。这里介绍几种常用方法。

（1）饱和食盐水漂浮法。

①饱和食盐水的配制：在1000 mL开水中加食盐380 g，充分搅拌，密度约为1.18。

②卵囊的分离：将粪便和5倍于粪便体积的清水搅成混悬液，将粪便混悬液经两层粗棉布（或先经50目后经100～200目网筛）过滤到第二个容器中，并将第二个容器中的滤过液倒入离心管中；离心（3000 $r\cdot min^{-1}$，5 min），弃去上清液；向沉淀中加入5倍的饱和食盐水（先加少许，充分混匀后再加其余的）充分混匀；离心（3000 $r\cdot min^{-1}$，5 min）；将上清液倒入另一盛水容器中，加5倍的清水稀释，离心（3000 $r\cdot min^{-1}$，5 min），沉淀物即所需卵囊。

（2）饱和硫酸镁溶液漂浮法。

①饱和硫酸镁溶液的配制：称64.4 g硫酸镁于1000 mL温水中充分搅拌溶解即成。

②卵囊的分离：步骤同前法，只是悬浮液换为饱和硫酸镁溶液。两种鸭球虫（菲莱氏温扬球虫和毁灭泰泽球虫）的卵囊在饱和食盐水中较易变形，以此法分离为佳。

（3）蛋白酶消化法。

在分离组织中的卵囊时，常有许多组织碎块或细胞团块混杂于卵囊中或黏附于卵囊壁上，致使纯化工作十分棘手。在捣碎的组织中加入0.5%～1.0%胰蛋白酶，将pH调到8.0，39 ℃下消化20 min，将pH调至2.0，39 ℃下消化1 h，使卵囊分散游离出来，再依次用200目、300目和400目网筛过滤，滤液经2000 $r\cdot min^{-1}$离心10 min，沉液，弃掉上清液，在沉淀中加入1 M蔗糖溶液，2000 $r\cdot min^{-1}$离心10 min，管上层漂浮的白色似“塞子状”的物质即卵囊。将其移入装有0.5 M蔗糖溶液的小离心管中，2000 $r\cdot min^{-1}$离心10 min，沉淀，重复几次，充分洗涤除去密度较小的杂质，然后加入5%次氯酸钠，在4 ℃下作用10 min，最后在低浓度（0.5M）蔗糖溶液中离心洗涤，除去小的杂质和次氯酸钠，即可得纯化的未孢子化卵囊。

（4）单卵囊分离法。

①稀释法。将粪便或组织捣碎物混匀在20倍体积的2.5%重铬酸钾溶液中，置于25～27 ℃下培养2～7 d，至95%的卵囊孢子化。培养物经3层纱布或50目网筛过滤。用干净的滴管吸取滤过物一小滴于载玻片上，并加一滴生理盐水稀释，以保证在低倍显微镜下观察时，一个视野只有1～2个卵囊。在显微镜下，右手持玻璃毛细吸管的尖端正对视野中的1个卵囊时，将吸管向卵囊直伸过去，卵囊随溶液吸入毛细吸管内。把毛细吸管中的液体吹落到铺有薄层琼脂的载玻片上，在显微镜下观察，确认是1个卵囊时，则完成单卵囊分离。

②显微操作器分离法。高级显微镜都有显微操作器，可在显微视野下方便吸取所需的单个卵囊或其他发育阶段的球虫（如孢子囊、子孢子、裂殖子、裂殖体、配子和配子体等）。

2. 卵囊计数方法

球虫卵囊呈圆形、椭圆形、卵圆形，垫料及粪便中的卵囊部分已孢子化。该法主要用于计算克粪便和克垫料中球虫卵囊数值（OPG）或实验室内收集的卵囊悬液及球虫疫苗保存液中的卵囊数值。常用方法有以下几种。

（1）血球计数板计数。

该方法是称取1 g鸡粪，溶于10 mL水中制成10倍的稀释液，经充分搅拌均匀后，取1滴置于血球计数板中，在低倍镜下计算计数室四角4个大方格（每个大方格又分为16个中方格）中的球虫卵囊总数，除以4求其平均值，乘10^4即为1 mL液体中的卵囊数，然后乘10即为OPG值。如果计数室四角没有大方格则用正中的一个大方格，连数几次，求其平均数，乘10^5即为OPG值。

计算公式：$OPG = a\times10\times1/(0.1\times0.1\times0.01)$，即$a\times10^5$。

（2）麦克马斯特法（McMaster's Method）。

计数时取粪便2 g置于研钵中，先加入10 mL水，搅匀，再加饱和盐水溶液50 mL，混匀后立即吸取粪液充满两个计数室，静置1～2 min，镜检计数两个计数室的卵囊数。计数室容积为$1\times1\times0.15 = 0.15$ mL，0.15 mL内含粪便$2/(10+50)\times 0.15 = 0.005$ g，两个计数室则为0.01 g，故所得卵囊数乘100即OPG值。

计算公式：$OPG = a\times100$。

（3）载玻片计数。

从上述的10倍稀释液中取出0.05 mL置于载玻片上，再覆加盖玻片，计数整个盖玻片内的卵囊。

计算公式：$OPG = b\times10\times1/0.05$，即$b\times200$。

【文献拓展】

1. 李亚男，李春雨. 鸡球虫卵囊分离纯化与单卵囊制备技术的改进[J]. 现代畜牧兽医，2008(8)：6-7.

2. 李美娣，陈宝妮，武力，等. 癸氧喹酯干混悬剂对不同地区分离球虫株的敏感性试验[J]. 福建畜牧兽医，2015，37(2)：4-6.

3. 吴尚娜，梁立兰，刘佑东，等. 新型抗球虫药预防盲肠球虫病的效果实验[J]. 中兽医学杂志，2015(1)：1-3.

实训4 药物对鸡球虫病的疗效试验

【实训任务】

1.通过鸡球虫人工发病试验，观察、记录感染鸡只的各种生产性能指标变化，了解球虫感染对鸡生产性能的影响。

2.比较预防性用药与治疗性用药的抗球虫效果。

3.通过评价药物对柔嫩艾美耳球虫的抗球虫效果，掌握抗球虫药物效果评价的方法。

【实训方案】

1.实训材料

(1)试验动物。

刚出壳的肉鸡120只，饲养于经严格消毒的笼舍中，在无球虫环境下饲养，所喂饲料为自配的不含任何抗球虫药的混合剂，饮用洁净自来水，养至13日龄时备用。

(2)试验虫株。

柔嫩艾美耳球虫应是对受试药物敏感的虫株，最好是实验室长期保存的虫株。如果是从鸡场新分离的虫株，应先对其药物敏感性进行试验，以保证其对受试药物没有抗药性。

(3)试验药物。

地克珠利(Diclazuril)(推荐使用浓度为1×10^{-6} mg·kg^{-1})，磺胺喹恶啉钠溶液(5mL· L^{-1}，混饮)。

(4)器材及试剂。

饱和食盐水、2.5%重铬酸钾溶液、电子秤、4 ℃冰箱、普通烤箱、培养箱、生物显微镜、计数器、McMaster计数板或血球计数板、离心管、烧杯、漏斗、玻棒、筛子、纱布、滴管、剪刀、研磨器、培养皿等。

2.实训步骤

(1)卵囊复苏。

试验前,取部分保存的柔嫩艾美耳球虫卵囊,置于离心管内,经3000～4000 r·min^{-1}离心5～10 min,去上层重铬酸钾溶液,加入适量的自来水,混匀后进行卵囊计数。根据计数结果,用自来水将卵囊液稀释成每毫升含$2×10^4$～$3×10^4$个孢子化卵囊,经嗉囊接种无球虫鸡。接种后7 d,剖杀鸡只,取出盲肠,用剪刀剪成长短为1 mm左右的碎片,加入少量2.5%重铬酸钾溶液后置于研磨器内研磨,研磨液经纱布或60～100目筛子过滤于培养皿中,置于28～30 ℃培养箱内培养2～3 d后进行镜检。当孢子化卵囊占90%以上时,停止培养,保存于4 ℃冰箱备用。攻虫虫株为2个月内新鲜孢子化卵囊。

(2)试验分组及处理。

分组:将上述13日龄肉鸡随机分组并调整各组体重基本相同,分成4个感染用药组,1个阳性对照组,1个空白对照组,共6组,每组20只。各组分别饲喂已经配好的全价料至试验结束,并称重剩余饲料。除第1组外,其余各组每鸡经口感染柔嫩艾美球虫孢子化卵囊$5×10^5$个。具体如表10.1所示。

表10.1　试验的分组与处理

组别	鸡数/只	试验处理
1	20	不感染不给药(空白对照)
2	20	感染不给药(阳性对照)
3	20	磺胺喹恶啉钠溶液1:5mL· L^{-1},混饮,感染后第1 d开始给药(预防用药)
4	20	磺胺喹恶啉钠溶液2:5mL· L^{-1},混饮,感染后第3 d开始给药,连饮4 d(治疗用药)
5	20	地克珠利1:使用浓度为$1×10^{-6}$mg·kg^{-1},混饲,感染后第1 d开始给药(预防用药)
6	20	地克珠利2:使用浓度为$1×10^{-6}$mg·kg^{-1},混饲,感染后第3 d开始给药,连饮4 d(治疗用药)

(3)疗效判定标准。

感染后连续观察7 d,记录下列项目。

①增重情况。

分别于第13 d、20 d时逐只测称鸡的体重,并由此算出平均增重和相对增重率。

相对增重率:(用药组或感染不给药组的平均增重÷不感染不给药组的平均增重)×100%。

②症状观察及血便记分。

主要包括精神、毛色、食欲和粪便等。感染后第4～6 d,观察各组鸡24 h内排出的粪便,按5级记分制进行血便记分。

③死亡情况。

记录各组死亡鸡数,剖检确定死因,并由此算出死亡率和成活率。

④剖检病变。

于感染后第6 d,每组扑杀5只,剖检观察盲肠病变,按天逐只称重、剖杀、取盲肠,按照Johnson和Reid (1970) 5分制方法进行病变记分。

⑤盲肠卵囊计数。

于感染后第8 d,每组扑杀5只,计算每对盲肠所含卵囊数,再根据表10.2换算成卵囊值。

表10.2　卵囊数与卵囊值的转换

卵囊数($\times10^6$)	0～0.1	0.11～1.0	1.1～1.9	2.0～5.9	6.0～10.9	≥11.0
卵囊值	0	1	10	20	30	40

⑥饲料报酬。

记录各组耗料量和总增重,由此算出料肉比。

(4)药效判断指标。

以鸡的成活率、增重率、病变值、卵囊数以及粪便记分等作为指标,按下列方法计算出抗球虫指数(Anticoccidial Index,ACI),对药物的效力进行评价。

ACI=(相对增重率+存活率)-(病变值+卵囊值)

其中:

相对增重率(%)=(感染组的平均增重÷不感染组的平均增重)×100%。

存活率(%)=(试验结束时存活鸡只数÷试验开始时鸡只数)×100%。

病变值:每组鸡的平均病变记分×10。

卵囊值:根据盲肠内容物的OPG值(每克粪便的卵囊数,$\times10^6$)来换算卵囊值。

(5)药效判定标准。

ACI<120为无抗球虫效力;120≤ACI<160为抗球虫的效力低;160≤ACI<180为有中等程度的抗球虫效力;ACI≥180为抗球虫效力高。

3.注意事项

(1)攻虫球虫的种类。

评价抗球虫药物的效果时,攻虫所用球虫可以是单一纯种,也可以是多个虫种的混合物。鸡柔嫩艾美耳球虫是分布最广、致病性最强、危害最为严重的球虫种类之一，常作为球虫病研究的模式种。在抗鸡球虫药物效果评价试验中，首选柔嫩艾美耳球虫作为攻虫虫种。

(2)适宜的攻虫剂量。

适宜的攻虫剂量应该能使不用药感染组鸡只产生典型的球虫病症状，柔嫩和毒害艾美耳球虫应能导致不用药感染组鸡只的体重至少减少15~25%，并引起5%~10%的死亡率。不同品种、日龄鸡只对球虫感染的抵抗性不同。所以，在正式试验开始之前，需要进行预实验来确定实验所用虫株适宜的攻虫剂量。

【结果分析】

1.血便计分情况

不感染不用药组鸡精神状态、食欲、粪便均正常。感染不用药组和其他用药组均有不同数量的鸡表现为精神沉郁，鸡冠及可视黏膜苍白，逐渐消瘦；排水样稀便，并带少量血液，甚至粪便呈棕红色，严重的变成血便(表10.3)。

表10.3　血便计分

组别	1	2	3	4	5	6
分数						

2.鸡存活率

解剖死亡的鸡只可以观察到两根盲肠显著肿大2~4倍，肠内充满凝固的或暗红色血液，肠上皮变厚并有糜烂，直肠黏膜可见有出血斑(表10.4)。

表10.4　鸡只存活率

组别	试验药物	鸡/只	死亡数	死亡率/%	存活率/%
1	阳性组	20			
2	喹恶啉1	20			
3	喹恶啉2	20			
4	地克珠利1	20			
5	地克珠利2	20			
6	阴性组	20			

3.相对增重率

若相对增重率高于空白对照组，说明药物有利于提高鸡的消化吸收，对促进生长有一定作用(表10.5)。

表 10.5　相对增重结果

组别	试验药物	平均初重/g	平均末重/g	平均增重/g	相对增重率/%
1	阳性组				
2	喹恶啉 1				
3	喹恶啉 2				
4	地克珠利 1				
5	地克珠利 2				
6	阴性组				

4. 饲料报酬率

若料肉比小于空白对照组，说明这组药有利于饲料的转化，有利于鸡的消化吸收（表 10.6）。

表 10.6　饲料报酬率统计

组别	试验药物	鸡/只	总增重/kg	总耗料/kg	料肉比
1	阳性组	20			
2	喹恶啉 1	20			
3	喹恶啉 2	20			
4	地克珠利 1	20			
5	地克珠利 2	20			
6	阴性组	20			

5. 盲肠病变值（RLS）和卵囊值

肠道病变计分参照 Johnson 的方法。若从盲肠病变和卵囊数来看，只有阳性对照组病变值和卵囊值较大，其余各组的病变和卵囊值比较小或为 0，则说明药物抗球虫的作用较强或非常强（表 10.7）。

表 10.7　RLS 和卵囊值结果

组别	试验药物	鸡/只	盲肠平均病变计分	病变值	卵囊值
1	阳性组	20			
2	喹恶啉 1	20			
3	喹恶啉 2	20			
4	地克珠利 1	20			
5	地克珠利 2	20			
6	阴性组	20			

6.抗球虫指数结果(ACI)

ACI<120为无抗球虫效力;120≤ACI<160为抗球虫的效力低;160≤ACI<180为有中等程度的抗球虫效力;ACI≥180为抗球虫效力高(表10.8)。

表10.8　ACI结果

组别	试验药物	ACI	抗球虫评估效果
1	阳性组		
2	喹恶啉1		
3	喹恶啉2		
4	地克珠利1		
5	地克珠利2		
6	阴性组		

【评价考核】

1.实训结束后两周内提交实训总结报告。要求每人独立撰写一份,书写格式按学校规范,每人要对实训结果数据进行独立统计分析,并总结参加本实训后的收获与体会。

2.实训成绩以30%~50%记入课程成绩。

【参考阅读】

1.鸡球虫盲肠病变记分标准

在药物治疗试验或疫苗保护效果评价试验中,盲肠病变记分用来评价柔嫩艾美耳球虫感染病变的严重性。在接种后第7 d,断颈处死所有试验鸡,按照Johnson和Reid(1970)设计的标准进行盲肠病变记分,两侧盲肠病变不一致时,以严重的一侧为准。

0分:无肉眼病变;

1分:盲肠壁有很少量散在出血点,肠壁不增厚,内容物正常;

2分:病变数量较多,盲肠内容物明显带血,盲肠壁稍增厚;

3分:盲肠内有多量血液或有盲肠芯(血凝块或灰白色干酪样块状物),盲肠壁增厚明显,盲肠内粪便量少;

4分:因充满大量血液或肠芯而盲肠肿大,肠芯中含粪渣或不含,死亡鸡只记4分。

2.鸡球虫粪便记分标准

若接种后4~6 d的粪便有异常,需对给定的12~24 h时间范围内的粪便进行粪便记分,标准如下:对于有明显拉血的球虫感染,诸如柔嫩和毒害艾美耳球虫的感染,0分表示

100% 的粪便不带血；+ 1 分表示 25% 的粪便带血；+ 2 分表示 50% 的粪便带血；+ 3 分表示 75% 的粪便带血；+ 4 分表示 100% 的粪便带血。对于不具明显拉血的球虫感染，诸如巨型、堆形、布氏、早熟以及和缓艾美耳球虫，0 分表示 100% 粪便正常；+ 1 分表示 25% 的粪便不正常；+ 2 分表示 50% 的粪便不正常；+ 3 分表示 75% 的粪便不正常；+ 4 分表示 10% 的粪便不正常。按生前最严重的一次记分来统计组平均记分。

【文献拓展】

1. 刘佑东，梁立兰，朱炳华，等. 4 种新型抗球虫药预防盲肠球虫病的效果观察[J]. 江西畜牧兽医杂志，2014(6)：16–18.

2. 刘瑞良. 鸡球虫湖南醴陵分离株的药物敏感性试验[J]. 湖南畜牧兽医，2018(2)：46–49.

3. 王慧珍，刘雅红，沈祥广，等. 妥曲珠利–地克珠利复方溶液对鸡球虫病的疗效和安全性评价[J]. 广东农业科学，2013(18)：105–107.

4. 莫芳清，周强，林瑞庆，等. 发酵中草药对鸡艾美耳球虫野外分离株的药效试验[J]. 养禽与禽病防治，2018(6)：11–13.

第十一章　牛羊消化道线虫病的驱虫效果评价试验

线虫病是牛羊最为常见的寄生虫病之一，感染率高，感染强度大且种类繁多，各种品种的牛羊均有不同程度的感染，引起牛羊营养不良，增重减缓，毛肉产量降低，造成较大的生产损失，影响畜牧业的经济效益。对牛羊消化道线虫病的流行情况进行调查，可以为牛羊消化道线虫病预防措施的制定提供科学依据。

牛羊消化道线虫病多为混合感染，感染症状多为消瘦贫血，甚至会因营养缺乏而导致牛羊死亡。目前，药物驱虫是寄生虫病防治最有效的措施之一。通过药物驱虫试验筛选出高效、低毒、广谱的抗寄生虫药物，以提出切实可行的综合性防治措施，进而促进畜牧业的健康稳定和可持续发展。

实训5　牛羊消化道线虫病的流行病学调查

【实训任务】

1. 掌握牛羊消化道线虫病流行学调查的方法。

2. 了解牛羊消化道寄生虫的感染情况，摸清当地流行的优势虫种、地理分布、流行现状和感染程度，为该地区有效控制牛羊蠕虫病提供依据。

【实训方案】

1. 实训材料

（1）试验动物。

选择不同养殖模式、不同草场类型、不同饲养地点和不同日龄的牛羊作为研究对象。

(2)仪器及试剂。

OLYMPUS 显微镜、麦克马斯特虫卵计数板、电子天平、铜筛、胶头吸管、载玻片和盖玻片、青霉素小瓶、冰箱、天平、PE 手套、记号笔、烧杯、玻璃棒、培养皿、饱和食盐水溶液等。

2. 实训步骤

(1)样品采集。

根据不同养殖模式,选择调查地点。采集的样本为新鲜未经污染的粪便,以个体采样法随机进行收集。每份 20 g 左右,装于自封袋中,依次进行编号,记录好地点、品种、年龄、饲养方式及性别等(见表 11.1)。将采集的粪样放置于阴暗处,及时送到实验室置于 4 ℃冰箱中保存。

表 11.1　牛羊粪样采集地点和年龄分布

采样时间	采样地点	品种	年龄	数量/只
2月	1	牛		
6月	2	山羊		
9月	3	黄牛		
12月	4	绵羊		

(2)粪便虫卵检查法。

①饱和食盐水漂浮法。

该方法主要用于检查消化道线虫虫卵。取被检粪便 2 g 于烧杯内,用少许饱和盐水将粪便充分搅开,再加 10 ~ 15 倍量的饱和食盐水,用玻璃棒充分搅匀,用 60 目铜丝筛将粪液过滤于另一干净烧杯内,弃去粪渣,将滤液倒入青霉素瓶中,用吸管加饱和食盐水至液面稍凸出瓶口为止。静置约 30 min 后,用盖玻片轻轻接触液面顶部,提起后放在载玻片上镜检(低倍镜)。

②粪便虫卵计数法。

采用麦克马斯特法定量分析每克粪便中的虫卵数(EPG)。量取 58 mL 饱和食盐水,取 2 g 粪便放入烧杯,先向其中加入少量饱和盐水,将粪便捣碎混匀,然后再加入剩余的饱和食盐水,充分振荡混合后过滤。边摇晃边吸取少量滤液,注入计数板的计数室内,放在显微镜的载物台上静置几分钟,然后用低倍镜计数两个计数室内全部虫卵,取其平均数乘 200,即每克粪便虫卵数。每个样品至少做 3 次,取其平均数。

(3)虫卵的鉴定。

根据牛羊消化道线虫虫卵的大小、形状、长宽比、卵细胞数等特征,对牛羊消化道线虫的种类进行分类鉴定。

(4)感染率、感染强度及优势虫种的确定。

感染率＝感染牛羊只总数/检查牛羊只总数×100%，感染强度(EPG)＝麦克马斯特计数板虫卵总数的平均值×200。根据每种线虫的感染率确定该地区最易感染的消化道线虫种类，得出该地区的优势虫种。

(5)数据统计分析。

使用SPSS 20.0软件中的χ^2检验对不同地区、不同季节、不同年龄阶段的牛羊消化道线虫的感染率进行统计学分析，$P<0.05$为差异显著，$P>0.05$为差异不显著。

3.注意事项

(1)样本的采集必须保证粪便新鲜，粪便过于干燥或放置过久，腐败发酵，均会减少粪便中虫卵、卵囊和虫体的数量，影响寄生虫的检查结果。

(2)粪样较多不能及时检完，需要在4 ℃冰箱保存或在粪样中添加适量2.5%重铬酸钾溶液，减缓腐败变质和霉菌滋生。

【结果分析】

1.虫卵形态学检查结果

采用饱和食盐水漂浮法对所采集的新鲜牛羊粪便样品中的线虫虫卵进行分离鉴定，并通过光学显微镜检测鉴定种类，各种消化道线虫的感染率统计见表11.2和表11.3，并确定该地区的优势虫种。

表11.2　牛羊消化道线虫的种类及形态特征

种类	大小/μm	颜色	形态特征
1			
2			
3			
4			

表11.3　不同地区牛羊消化道线虫的感染率

虫种	不同地区			感染率/%
	地区1	地区2	地区3	
1				
2				
3				
4				
5				

2.牛羊消化道线虫的感染情况

通过对采集的牛羊粪便样品的线虫虫卵进行检测，统计检测的阳性样本数量，计算感染率（表11.4），并计算不同地区之间感染率的差异是否显著。

表11.4 牛羊消化道线虫的感染情况

采样地点	检查样本数量	阳性样本数量	感染率/%
1			
2			
3			
4			

3.牛羊消化道线虫的感染强度

利用虫卵计数法对所采集的粪便样本进行检查和计数（表11.5），发现EPG值最高和最低的地区及牧场。

表11.5 牛羊消化道线虫的感染强度

采样地点	年龄	样本数量	阳性数量	感染强度/EPG
1				
2				
3				
4				

【评价考核】

1.实训结束后两周内提交实训总结报告。要求每人独立撰写一份，书写格式按学校规范，每人要对实训结果数据进行独立统计分析，并总结参加本实训后的收获与体会。

2.实训成绩以30%～50%记入课程成绩。

【参考阅读】

1.牛羊常见消化道线虫虫卵的种类

（1）捻转血矛线虫：虫卵呈卵椭圆形，卵壳薄，大小为（80～85）μm×（40～50）μm，卵细胞约16～32个，淡灰色，较充满。

（2）夏伯特线虫：虫卵呈长椭圆形，大小为（100～120）μm×（40～50）μm，卵壳较厚，卵细胞较大，排列整齐，颜色较深。

(3)乳突类圆线虫：虫卵呈椭圆形，壳薄，大小为(53～71) μm×(33～45) μm，内含幼虫，无色透明。

(4)食道口线虫：虫卵呈椭圆形，大小为(73～89) μm×(34～45) μm，胚细胞分界清晰，无色。

(5)蛔虫：虫卵呈球形，壳厚，大小为(40～45) μm×(35～37) μm，外层凹凸不平淡黄色。

(6)细颈线虫：虫卵呈长椭圆形，虫卵很大，大于130 μm，卵细胞3～6个，黄褐色。

(7)毛圆线虫：虫卵呈卵圆形，虫卵大小为(75～95) μm×(40～50) μm，一端稍尖，一端钝圆，灰色透明。

(8)奥斯特线虫：虫卵呈卵圆形或类似方形，卵细胞集中于一端，空隙稍大，大小为(89～95) μm×(46～59) μm，黄褐色。

(9)毛尾线虫：虫卵大小为(70～80) μm×(30～40) μm，棕黄色，腰鼓形，卵壳厚，两端有卵塞。

2.牛羊常见消化道线虫虫卵的形态学特征(图11.1)

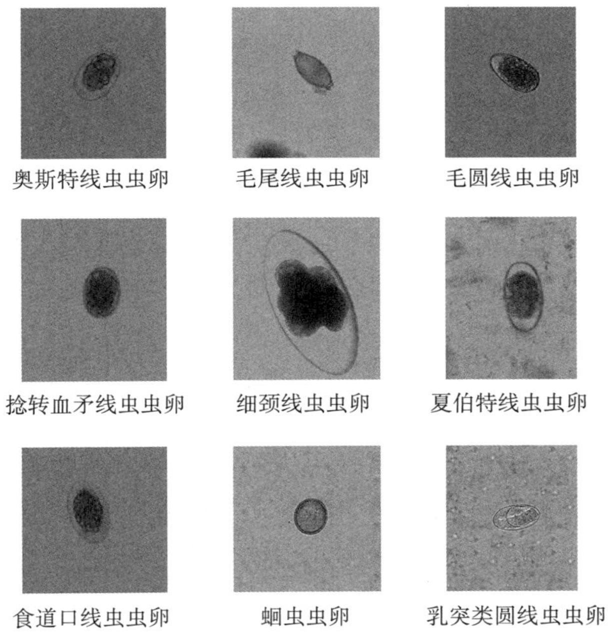

图11.1 牛羊常见消化道线虫虫卵特征

【文献拓展】

1.刘利霞，徐桂杰，苏乙拉，等.锡林浩特市周边地区绵羊消化道线虫季节动态的调查[J].黑龙江畜牧兽医，2016(8)：108-110.

2. 曾嘉庆，刘洋，王宝森，等. 青海部分地区马、牛、羊消化道线虫感染抽样调查[J]. 甘肃畜牧兽医，2018，48(2)：59-62.

3. 赵学亮，刘晓磊，苏倩，等. 2018年内蒙古察右后旗绵羊捻转血矛线虫流行病学调查及耐药性检测[J]. 中国动物检疫，2019，36(5)：6-10.

4. 李攀月，韩婷，成钢，等. 洞庭湖区放牧肉羊消化道寄生线虫流行病学调查报告及综合防控措施[J]. 当代畜牧，2017(18)：43-46.

实训6 驱虫药对牛羊消化道线虫病的驱虫试验

【实训任务】

1.掌握动物驱虫试验的方法和步骤。

2.掌握动物驱虫试验的效果评定方法。

【实训方案】

1.实训材料

(1)试验动物。

放牧的牦牛、黄牛、山羊、绵羊等动物。

(2)试验药物。

丙硫咪唑(给药剂量13 $mg \cdot kg^{-1}$体重)、伊维菌素(给药剂量0.3 $mg \cdot kg^{-1}$体重)。

(3)器材及试剂。

解剖刀、标本瓶、磅秤、电子显微镜、不同容量的玻璃容器、载玻片、盖玻片、注射器、平皿、麦克马斯特计数板、镊子、解剖针、试管、0.85%生理盐水、饱和食盐水等。

2.实训步骤

(1)试验动物筛选。

选择试验前近5个月未使用任何驱虫药驱虫的放牧羊群,给药前1～2 d对90只预选试验羊逐头通过直肠采集新鲜粪便,采用麦克马斯特虫卵计数法进行粪便虫卵检查,统计每克粪便中的线虫虫卵数(EPG)。

(2)试验分组。

根据EPG检查结果,选取EPG > 300的羊60只作为试验动物,按性别、体重、年龄等随机分为3组,每组20只,其中试验组1是丙硫咪唑组,试验组2是伊维菌素组,试验组3

是阳性对照组。药物组依据试验药物的不同剂型采用相应给药途径，阳性对照组不处理。

(3)驱虫试验。

试验组动物按药物说明书上的推荐剂量和疗程给予驱虫药物。丙硫咪唑按照剂量13 $mg \cdot kg^{-1}$体重给药，伊维菌素按照剂量0.3 $mg \cdot kg^{-1}$体重给药。阳性对照组动物不给药。

(4)效果检查。

①临床观察：观察试验动物的饮食欲、精神状况和粪便状况等。用药前1 d、用药后1～5 d，将所排出的粪便全部收集起来，进行水洗沉淀，计算并鉴定驱出虫体的数量和种类。

②剖解收集虫体：用药后第6 d，剖检各组中5头试验动物，收集并计算残留在试验动物体内各种线虫的数量，鉴定其种类。

③粪便虫卵检查：分别在用药6～15 d后，每天逐头两次收集粪便，混匀，采用饱和食盐水漂浮法检查试验动物感染数，用麦克马斯特法检查各组每头试验动物粪便中虫卵的数量，计算每克粪便中线虫虫卵的数量(EPG)。

(5)驱虫效果的判定。

采用虫卵转阴率、虫卵减少率、驱净率、精计驱虫率和粗计驱虫率几种指标来判定驱虫效果。

虫卵转阴率(%)=(虫卵转阴动物数/试验动物数)×100%

虫卵减少率(%)=(驱虫前平均虫卵数/ g－驱虫后平均虫卵数/ g)÷驱虫前平均虫卵数/ g×100%

驱净率(%)=(驱净虫体动物数/全部试验动物数)×100%

精计驱虫率(%)= 驱出虫数÷(驱出虫数＋残留虫数)×100%

粗计驱虫率(%)=[对照动物荷虫总数－驱虫后试验动物(体)内残留活虫数]÷对照动物荷虫总数×100%

3.注意事项

(1)驱虫时间的选择。

应根据各种线虫的发育史，尤其是在宿主体内发育至成熟的时间、感染的季节动态等来决定。在用药前要调查清楚当地畜禽感染的线虫种类、感染强度和感染率，一般选择在虫体成熟前驱虫，以防止性成熟的成虫排出虫卵或幼虫污染外界环境，造成动物驱虫后再次被感染。在北方地区还可采取秋冬季驱虫，此时驱虫一方面有利于保护畜禽安全过冬；另一方面，秋冬季外界寒冷，不利于驱虫后排出的大多数虫卵或幼虫的存活及发育。

(2)药物的选择。

在用药前应对药物的驱虫范围、使用剂量和方法、副作用、药物在动物体内的代谢过程等有详尽的了解，以便于合理地选用药物。在大批畜禽驱虫之前，应该先选择有代表性的动物进行安全性试验，确定药物安全后再进行全面驱虫，以免发生中毒事故。同时，对病情严重的动物及老弱畜禽也应分隔出来做适当减量用药。孕畜在怀孕期间不能驱虫，应加强管理，于适当时期补行驱虫。

(3)驱虫动物的管理。

在驱虫期间应加强对动物的看管和必要的护理，供给充足的清洁饮水，注意适当的运动。投药后，在排虫期间应设法控制所有动物排出的成虫、幼虫或虫卵的散布。一般在动物驱虫后5 d内应集中管理，将所排出的粪便及时清扫，利用堆积发酵的办法杀死粪便内的寄生虫。5 d后应对驱虫动物驻留过的场地彻底进行清扫、消毒，以消灭残留的寄生虫。

【结果分析】

1. 各试验组羊消化道线虫虫卵的检测

计算丙硫咪唑组、伊维菌素组在驱虫前的平均EPG值；2个药物组在投药后15 d，采用饱和食盐水漂浮法和麦克马斯特法检查粪便中有无线虫虫卵，并计算虫卵转阴率和虫卵减少率(表11.6)。

表11.6　各试验组羊消化道线虫虫卵检查结果

检查项目	药物组				对照组	
	丙硫咪唑组		伊维菌素组			
	驱虫前	驱虫后15 d	驱虫前	驱虫后15 d	驱虫前	驱虫后15 d
阳性羊头数	20	0	20	0	20	20
阴性羊头数	0	20	0	20	0	0
克粪便虫卵						
虫卵转阴率	–		–		–	
虫卵减少率	–		–		–	

注：“－”为无数据。

2. 不同驱虫药物对羊线虫的驱虫效果对比

试验组1是丙硫咪唑组，试验组2是伊维菌素组，试验组3是阳性对照组。2个药物组的驱虫效果比较见表11.7和表11.8。

表 11.7　不同驱虫药物对羊消化道线虫驱虫效果对比(EPG:个)

组别	投药前	投药后							
		1 d	2 d	3 d	4 d	5 d	6 d	7 d	15 d
1									
2									
3									

表 11.8　各试验组羊消化道线虫驱出虫数与体内残留虫数对比

检查项目	药物组				对照组	
	丙硫咪唑组		伊维菌素组			
	驱虫前	驱虫后 6 d	驱虫前	驱虫后 6 d	驱虫前	驱虫后 6 d
阳性羊头数	20	0	20	0	20	20
阴性羊头数	0	20	0	20	0	0
驱出虫数						
残留虫数						
精计驱虫率	–		–		–	
粗计驱虫率	–		–		–	

注:“–”为无数据。

【评价考核】

1. 实训结束后两周内提交实训总结报告。要求每人独立撰写一份,书写格式按学校规范,每人需对实训结果数据进行独立统计分析,并总结参加本实训后的收获与体会。

2. 实训成绩以 30% ~ 50% 记入课程成绩。

【参考阅读】

1. 几种常见家畜估重法

条件允许的情况下,动物体重最好采用磅秤进行称量。但在条件不具备时,也可以由有经验的工作人员进行尺测或目测估计。对动物进行尺测估重时,可以结合目测调整的方法,使估重比较接近实际体重。

下面是几种家畜尺测估重的计算方法。其中胸围是从肩胛后缘处围绕胸围一周的长度;体长是从肩胛骨前突起的最高点(即肩端)到坐骨结节最后内隆凸(即臂端)间的距离;体斜长是从肩胛骨前缘至坐骨结节后缘的距离,两侧同时测量,取其平均值;体直长是由肩端至坐骨端后缘直线的水平距离；猪体长是从两耳连线的中点起，沿着背中线至尾根的长度。

黄牛体重(kg)=胸围(cm)×体斜长(cm)/10800

水牛体重(kg)=胸围(cm)×体斜长(cm)/12700

猪体重(kg)=胸围(cm)×体长(cm)/15200

马体重(kg)=[胸围(cm)×体斜长(cm)+R]/10800

羊体重(kg)=胸围(cm)×体长(cm)/300

猪体重在60 kg以下时，在所算得的体重上加3 kg；体重在60～180 kg时，不加不减；体重在200 kg左右时，减9 kg；体重在250 kg以上时，减30 kg。马体重的系数R：3周以下R值为15；3周岁以上中等马，R值为22.5，肥壮马R值为45，瘦弱马R值为10～22.5。

2.驱虫药物的选择标准

驱虫药种类很多，应合理选择，正确应用，以便更好地发挥药物的作用。广谱、高效、安全、投药方便、价格低廉、无残留、不易产生耐药性、药源丰富等条件是衡量抗寄生虫药物临床价值的标准，也是驱虫药物的选择标准。

(1)广谱。

广谱是指驱虫范围广。在生产上各种动物往往受到多种寄生虫的感染，仅对某种或某一类寄生虫有特效的驱虫药已不能满足生产发展的要求，因此要注意选择广谱驱虫药或采取两种以上驱虫药的复合疗法，以期达到一次投药即能驱除多种寄生虫的目的。如害获灭既能驱除蜱螨等外寄生虫，又能驱除消化道线虫；硝氯酚与左咪唑的复合疗法可以驱除牛的胃肠道线虫、肺线虫和肝片形吸虫；伊维菌素对线虫和体外寄生虫均有效。

(2)高效。

良好的驱虫药应该是使用小剂量即能达到满意的驱虫效果。所谓高效的驱虫药即对成虫、幼虫，甚至虫卵都有很好的驱杀作用，且使用剂量小。一般来说，其虫卵减少率应达95%以上，若小于70%则属较差；使用剂量应小于10 $mg \cdot kg^{-1}$，若使用剂量太大，给使用带来不便，推广困难。

(3)低毒。

抗蠕虫药应该对虫体有强大的驱杀作用，而对宿主无毒性或毒性很小。安全范围大小的衡量标准是化疗指数[半数致死量(LD50)/半数有效量(ED50)]，化疗指数越大，表示药物对有机体的毒性越小，越安全。一般认为化疗指数必须大于3，才有临床应用意义。

(4)投药方便。

驱虫药应无味或无特殊气味，且能溶于水。这样可通过饮水、混饲或喷雾给药，既可以节约人力、物力，又能提高工作效率。

(5)价格低廉。

畜禽属经济动物,在防治寄生虫病时必然要考虑到经济核算问题,尤其是在牧区和集约化养殖场,牲畜多,用药量大,应有较低廉的价格。

【文献拓展】

1. 罗晓平,敖登高娃,詹树柏,等. 3种驱虫药物对内蒙古呼盟地区绵羊胃肠道线虫驱杀效果研究[J]. 中国兽医杂志,2017,53(10): 35-37.

2. 聂福旭,唐文雅,陈金萍,等. 不同药物对白牦牛肠道寄生虫的驱虫效果评价[J]. 中国草食动物科学,2017,37(6): 44-46.

3. 额叶勒德格,曹增富,海鹰,等. 乌审旗地区绵羊消化道线虫感染情况及耐药性的调查[J]. 中国兽医科学,2018,48(6):735- 742.

4. 王鹏龙,罗晓平,敖登高娃,等. 伊维菌素与丙硫咪唑对内蒙古两地区放牧绵羊胃肠道线虫驱杀效果[J]. 中国农业大学学报,2019,24(11):117-122.

5. 李春花,雷萌桐,李剑,等. 放牧绵羊主要寄生虫病高效低残留防治技术试验示范[J]. 青海畜牧兽医杂志,2019,49(6):15-20.

第十二章　血吸虫病动物模型的构建及病理学观察

日本血吸虫病广泛分布于我国长江中下游及其以南的12个省、自治区、直辖市，严重影响人的健康和畜牧业生产。动物模型的构建不仅可以直观了解日本血吸虫的致病性，而且是评价药物和疫苗效果的基础性试验。血吸虫寄生在肝门静脉系统和肠系膜，主要病变为肝与结肠由虫卵引起的肉芽肿。对血吸虫患病动物进行准确病理学分析是正确诊断并制定科学防治措施的基础。

实训7　日本血吸虫病动物模型的构建

【实训任务】

掌握家兔和小鼠血吸虫感染动物模型的构建，观察血吸虫病的发病过程，强化对血吸虫病危害性的认知。

【实训方案】

1. 实训材料

(1)虫种。

日本血吸虫虫卵或阳性钉螺。

(2)试验动物。

体重2500 g左右的健康青壮年家兔、体重180 g左右的健康大鼠或体重25～30 g的健康小白鼠。

(3)仪器及其他材料。

动物解剖台、恒温培养箱、光学显微镜、可调移液器、冷冻离心机等。

2.实训步骤

(1)阳性钉螺的制备。

① 取重感染48 d后的家兔肝脏,分离新鲜虫卵,按常规方法孵化获得毛蚴,将钉螺置于直径约15 cm的平皿中,加入250 mL去氯水,按钉螺与毛蚴之比为1∶20投放毛蚴。在有光源的25～28 ℃孵箱中感染钉螺4 d。

② 阳性螺的饲养。在30 cm×40 cm×3.5 cm的搪瓷盘盘底铺6层滤纸,保持潮湿,每盘放入已接种过日本血吸虫毛蚴的钉螺1000只,上盖网罩以免钉螺外爬,每日洒水2次,保持潮湿,加少许浸泡后的兔饲料和泥土于滤纸上,定期检查,除去死螺,置于25～27 ℃培养箱中培养,7～10 d换洗一次培养盘。

(2)尾蚴的逸出与计数。

将10～20只阳性钉螺放入100 mL的三角烧瓶中,加去氯水至瓶口,为阻止钉螺外爬,将小块纱布压入水面下1 cm处,将三角烧瓶置于有光源的孵箱中,保持温度在20～25 ℃,2～3 h后用金属耳蘸取液面数滴水至解剖镜下观察,见尾蚴并计数。

(3)动物接种。

①固定动物:一般先将动物仰卧固定于接种板上。固定小鼠时,橡皮筋不宜绑得太紧;固定大鼠和家兔时,须将棉纱绳绑紧。用剪刀剪去腹部毛,面积约20 mm×20 mm,勿剪破皮肤。

②接种动物:用白金耳自液面蘸取数滴含尾蚴的水于盖玻片上,并在解剖镜下计数。 每次蘸取尾蚴量不要太多,以免浪费。如尾蚴数量不够可再蘸,如过多可用烧热的解剖针烫死多余的尾蚴。以每只小鼠感染尾蚴20～30条,大鼠感染尾蚴70～80条,家兔感染尾蚴500～600条为宜。

用棉签蘸取去氯水湿润腹部去毛处,将含有适量尾蚴的盖破片贴于湿润的鼠腹部,其间不时用小吸管从盖玻片边缘滴加去氯水保持湿润,敷贴5～10 min(家兔20 min),接种时间内应保持接种部位湿润,不使盖玻片脱落,冬季应设法保持室温在15 ℃以上。

接种完毕取下盖玻片,集中放于盛有清水的烧杯中,再经开水烫杀残余尾蚴。标记动物,40～45 d解剖。

(4)动物模型的鉴定。

自动物感染45 d后,开始收集粪便,用直接涂片法、水洗沉淀法或毛蚴孵化法检查虫卵或毛蚴。

3.注意事项

(1)严防实验室感染:接种后所用的用具应先用开水烫,将盛有尾蚴的烧杯用开水煮烫,再做其他清洁工作。

(2)在脱橡皮手套前,先用酒精棉球擦洗手套外表,再将手套脱下冲洗干净、擦干。

(3)若含有尾蚴的水污染了桌面或皮肤时,应立即擦干或用酒精棉球擦洗。

(4)用于收集肝脏内成熟虫卵的实验动物,一般在饲养42~45 d之间解剖;用于观察成虫或肝、肠、肺等部病变的实验动物,一般饲养60 d左右解剖。

【结果分析】

1.临诊观察

试验期间,空白对照组动物毛体光滑,活泼敏捷,进食正常。实验组动物毛体蓬松杂乱,反应迟钝,进食逐渐减少,腹部肝脾肿大,有明显病理症状。

2.病原学检查

利用直接涂片法、水洗沉淀法检查血吸虫虫卵,其虫卵特征为卵壳较薄,无盖,在其侧方有一小刺,卵内含毛蚴,大小为(70~100)μm×(50~65)μm。

如以上方法观察不到虫卵,则利用毛蚴孵化法进行鉴定,当发现水面下有灰白色点状物直线来回运动,即为毛蚴。对难以判定的样品用吸管将疑似毛蚴吸出置于显微镜下观察,镜下毛蚴前部宽,中间有一顶突,两侧对称后渐窄,周边有纤毛。每个样品中有1~5个毛蚴记为+,6~10个毛蚴记为++,10~20个毛虫幼记为+++,20个以上记为++++。

【评价考核】

1.实训结束后两周内提交实训总结报告。要求每人独立撰写一份,书写格式按学校规范,每人需对实训结果进行独立统计分析,并总结参加本实训后的收获与体会。

2.实训成绩以30%~50%记入课程成绩。

【参考阅读】

1.毛蚴孵化法

(1)沉淀孵化法。

将沉淀法处理后镜检呈血吸虫卵阳性的沉渣倒入250 mL三角烧杯中,加清水(城市中需用去氯水)至近瓶口,置于20~30 ℃环境中孵化;4~6 h后经肉眼或放大镜观察结果。观察时,将瓶对着光,瓶后衬以黑纸,眼平视瓶颈部,观察时间2 min以上,如见水面下有白色点状物做直线来往游动，即为毛蚴。必要时也可用吸管将毛蚴吸出镜检。如无毛蚴，每隔4～6 h(24 h内)观察一次。气温高时毛蚴可在短时间内孵出，因此在夏季要用1.2%食盐水或冰水冲洗粪便，最后一次才改用室温清水。

(2)毛蚴促孵法。

将用沉淀法处理后的粪便沉渣置于三角烧瓶中，不加水，或将粪便置于吸水纸上，再置于20～30 ℃温箱中过夜。检查时，加清水，2 h后就可见到孵出的毛蚴。此法毛蚴孵出时间较一致，数量也较多。

2.影响毛蚴孵化的因素

(1)温度。

温度是影响毛蚴孵化的重要因素，最适宜的温度是25～30 ℃。温度高孵出快，但存活时间短；温度低于20 ℃则孵出减慢，甚至不孵出，所以冬天气温低需要保持温度以保证毛蚴孵出。

(2)光线。

毛蚴有趋光性，在无灯光的温箱中，毛蚴都在瓶底活动，放置亮处则逐渐至水面活动，所以刚从无亮光的温箱取出须放置30 min，再进行观察。

(3)水的密度。

实验证明毛蚴孵化与水的渗透压有关，在生理盐水中毛蚴孵出率降低到10%～15%，而在1.2%的食盐水中毛蚴无法孵化。利用这个原理热天沉淀换水怕毛蚴孵出丢失可改用1.2%的食盐水来控制毛蚴孵化。孵化常用的自来水、河水或塘水都不会影响毛蚴孵化，当河水或塘水太混浊时需要加明矾沉淀透明。如果每50 kg水中明矾超过3 g，就可抑制毛蚴孵出，需要加以注意。

(4)酸碱度。

日常用水的pH都近中性，对毛蚴孵化没有影响。

【文献拓展】

1.蒋雯雯，胡奇丰，柳建发，等.长爪沙鼠日本血吸虫病动物模型的建立[J].宁波大学学报(理工版)，2011，2(24)：107-109.

2.黄柏青，金露萍，李巧，等.不同条件饲养钉螺和释放尾蚴的对比观察[J].中国民康医学.2007，13(19)：523-524.

3.胡媛，曹建平.鼠类非适宜宿主抗血吸虫病机制的研究进展[J].国际医学寄生虫病杂志，2010，2(37)：94-97.

实训8 日本血吸虫病动物模型的病理学观察

【实训任务】

通过对日本血吸虫动物模型的解剖和病变观察，掌握血吸虫病的主要病变部位及基本病理变化。

【实训方案】

1. 实训材料

(1)动物。

饲养60 d左右的日本血吸虫病动物模型。

(2)仪器及其他材料。

动物解剖台、解剖刀等器械，光学显微镜、石蜡切片机等。

2. 实训步骤

(1)解剖日本血吸虫动物模型。

将实验动物模型处死后，依次解剖各主要脏器，并重点观察结肠、肝脏、脾、肺和脑组织。

①肠道病变。

成虫大多寄生于肠系膜下静脉，移行至肠壁的血管末梢在黏膜及黏膜下层产卵，故活体检查时发现虫卵排列成堆，以直肠、降结肠和乙状结肠最为显著，小肠病变极少，仅见于重度感染者。早期变化为黏膜水肿，片状充血，黏膜有浅溃疡及黄色或棕色颗粒。由于溃疡与充血，临床上见有痢疾症状，此时，大便检查易于发现虫卵。晚期变化主要为肠壁因纤维组织增生而增厚，黏膜高低不平，有萎缩，息肉形成、瘢痕形成等病理变化。血吸虫病变所形成的息肉有癌变可能，应予重视。由于肠壁增厚，肠腔狭窄，可致机械性梗阻。

②肝脏病变。

虫卵随门静脉血液入肝,抵达于门静脉小分支,在门管区等形成急性虫卵结节,故在肝表面和切面形成粟粒或大结节,肝窦充血,肝窦间隙扩大,窦内充满浆液,有嗜酸性粒细胞及单核细胞浸润;肝细胞可能有变性,小灶性坏死。晚期可见门静脉周围有大量纤维组织增生,形成肝硬变(管道型肝硬化),严重者形成粗大突起的结节。较大门静脉分支管壁增厚,管腔内血栓形成。由于肝内门静脉阻塞,形成门静脉高压,引起腹水、脾肿大及食管静脉曲张。

③脾脏病变。

早期肿大,与成虫代谢产物刺激有关。晚期因肝硬化引起门静脉高压和长期淤血,致使脾脏呈进行性肿大,有的患病动物肿大的脾脏可占据大部分腹腔甚至下抵盆腔,并伴有脾功能亢进现象。镜检可见脾窦扩张充血,脾髓内、血管周围及脾小梁的结缔组织增生,脾小体萎缩减少,中央动脉管壁增厚发生玻璃样变。脾脏中偶有虫卵发现。

④其他脏器病变。

在胃及肠系膜以及淋巴结、胰、胆囊等偶有虫卵沉积。异位损害主要是由于急性感染时大量虫卵由静脉系统进入动脉,以肺和脑的异位损害为多见。肺部可有大量虫卵沉积和发生出血性肺炎。脑部病变多见于顶叶皮层部位,脑组织有肉芽肿和水肿。

(2)肝脏HE染色观察。

取同一部位的肝组织用10%福尔马林液固定,常规脱水,石蜡包埋、切片,进行常规苏木素-伊红(HE)染色。光镜观察:门管区内可见多数略显同心圆排列的纤维性虫卵结节和少数新旧程度不等的虫卵结节形成,门管区大量的纤维结缔组织增生而显著增宽,其中小叶间胆管增生,并有嗜酸性粒细胞、单核细胞、淋巴细胞和浆细胞浸润。少数纤维性虫卵结节和汇管区增生的纤维组织发生玻璃样变,肝细胞未见明显变化。

3.注意事项

(1)注意个人防护与实验室安全操作。操作时一定穿戴好实验服、手套、口罩,准备消毒液等个人防护用品;实验操作严格按照实验室生物安全规章制度进行。

(2)实验结束后对实验室进行消毒处理,动物尸体及内脏废弃物按照要求进行无害化处理。

【结果分析】

血吸虫病的主要病变是由虫卵沉着组织中所引起的虫卵结节(虫卵肉芽肿)。急性虫卵结节由成熟虫卵引起,结节中央为虫卵,周围聚集大量嗜酸性粒细胞,并有坏死,称为嗜酸性脓肿，脓肿周围有新生肉芽组织和各种细胞浸润，形成急性虫卵结节。急性虫卵结节形成10 d左右，卵内毛蚴死亡，虫卵破裂或钙化，围绕类上皮细胞、异物巨细胞或淋巴细胞形成假结核结节，以后肉芽组织长入结节内部，并逐渐被类上皮细胞所替代，形成慢性虫卵结节，最后结节发生纤维化。

虫卵肉芽肿反应有助于破坏虫卵和清除虫卵并避免抗原复合物引起的全身损害，但它破坏正常组织，并彼此联结成为瘢痕，是导致肝硬化及肠壁纤维化、增厚、硬变，消化吸收机能下降等一系列病变的原因，从而对宿主造成严重的损害。

病变部位主要在结肠及肝脏，较多见的异位损害则在肺及脑。

【评价考核】

1. 每人独立撰写一份实训总结报告，记录操作步骤，描述分析血吸虫的主要病变。每人要对实训结果进行独立分析，并总结参加本次实训后的收获与体会。

2. 实训成绩以30%～50%记入课程成绩。

【参考阅读】

1. 石蜡切片的制备

(1)组织处理。

取材：取阳性肝脏用生理盐水清洗多次。

固定：立即放入10%福尔马林液中固定24 h，再转入70%乙醇中保存。

修块：选择所需病变组织修整成长方形或正方形，再修整出组织块的包埋切面。

脱水：将修整好的组织置于70%乙醇、80%乙醇、90%乙醇、95%乙醇中各30 min，无水乙醇I脱水30 min，无水乙醇II、无水乙醇III各脱水20 min。

透明：二甲苯I透明10 min，二甲苯II、二甲苯III各透明30 min。

浸蜡：蜡液I、蜡液II各浸泡30 min，蜡液III浸泡10 min。

包埋：将组织放入一次性包埋盒内包埋，冷却后即可切片。

(2)切片。

修切蜡块：将蜡块四周的蜡刮去，以避免切片时出现厚薄不均，影响切片的质量。

装刀片和蜡块：先将切刀装在刀架上，然后将蜡块装在切片机标本固定装置上，调整蜡块与刀至合适位置(刀刃与蜡块切面呈5°夹角)，切片前要把切片机上相关螺旋拧紧。

切片操作：左手执毛笔，右手旋转石蜡切片机旋转轮，先粗切蜡块，直至暴露出组织最大切面。但需注意小型标本不可切得太深，以避免组织块被整块修切。用决块紧贴组织冰1 min左右，再连续旋转切出蜡带，左手持毛笔将蜡带下端轻轻托起，右手用镊子夹起蜡带，将蜡带正面向上放入盛有常温蒸馏水的搪瓷盘内，用小弯镊的弯部慢慢将切片分开。

展片：用载玻片捞起切片轻轻放入展片仪，并将展片仪水温控制在40 ℃及HE染色50 ℃之间。待切片展开后立即捞起，一般切片的中心位于载玻片中间稍偏右的位置，将贴好片的载玻片放入烤片仪（温度为40～50 ℃）片刻，然后放入45～55 ℃的烤箱内或恒温热板上烤烘2 h以上，使组织蜡片牢固地黏附在载玻片上。

2.HE染色

切片脱蜡：二甲苯I浸泡5 min，二甲苯II浸泡5 min。

水合作用：无水乙醇I浸泡3 min，无水乙醇II浸泡3 min，95%乙醇I浸泡3 min，95%乙醇II浸泡3 min，80%乙醇浸泡3 min，70%乙醇浸泡3 min，蒸馏水1min。

苏木素染色：苏木素染液10 min，流水冲洗5 min。

分色：盐酸乙醇15 s，蒸馏水2 min。

伊红染色：伊红染液2 min，蒸馏水30 s。

脱水：分别在70%乙醇、80%乙醇、90%乙醇中各浸泡1 min，90%乙醇、无水乙醇I中浸泡3 min，无水乙醇II中浸泡2 min，无水乙醇III中浸泡1min。

透明：二甲苯I浸泡5 min，二甲苯II浸泡2 min，二甲苯III浸泡1min。

封固：将中性树胶直接滴在透明的组织上，用盖玻片封固；或将中性树胶滴在盖玻片上，封盖在透明的组织上。

【文献拓展】

1.蒋雯雯，胡奇丰，柳建发.日本血吸虫病肉芽肿的电镜观察[J].宁波大学学报（理工版），2013，2(26)：130-132.

2.徐会娟，傅行礼，陈家旭，等.日本血吸虫不同方式感染宿主的免疫病理研究[J].中国人兽共患病学报，2006，22(7)：647-650.

3.赵红建，诸葛毅，骆利康，等.血吸虫病患者肝纤维化的病理变化与超微结构观察[J].中华地方病学杂志，2015，2(34)：109-111.

参考文献

[1]孔繁瑶.兽医寄生虫学(第二版修订版)[M].北京:中国农业大学出版社,2010.

[2]周荣琼.兽医寄生虫学(案例版)[M].重庆:西南师范大学出版社,2018.

[3]秦建华,李国清.动物寄生虫病学实验教程[M].北京:中国农业大学出版社,2015.

[4]杨光友.兽医寄生虫病学[M].北京:中国农业出版社,2017.

[5]杨光友.野生动物寄生虫病学[M].北京:科学出版社,2013.

[6]杜爱芳.兽医寄生虫学实验指导[M].杭州:浙江大学出版社,2018.

[7]许金俊.动物寄生虫病学实验教程[M].南京:河海大学出版社,2007.

[8]汪明.兽医寄生虫病学[M].北京:中国农业出版社,2003.

[9]蒋金书.动物原虫病学[M].北京:中国农业大学出版社,2000.

[10]角田清.鸡球虫病[M].上海:上海科学技术出版社,1986.

[11]夏超明.临床寄生虫学检验实验指导(第2版)[M].北京:中国医药科技出版社,2017.

[12]张瑞琳.人体寄生虫学实验技术指南及彩色图谱[M].广州:中山大学出版社,2015.

[13]Bowman D D.兽医寄生虫学[M].李国清,译.北京:中国农业出版社,2014.

[14]黄兵,沈杰.中国畜禽寄生虫形态分类图[M].北京:中国农业科学技术出版社,2006.

[15]聂奎.动物寄生虫病诊断及防治[M].重庆:重庆大学出版社,2013.

[16]陈泽.中国蜱类的系统分类及两种硬蜱的生物学特征性分析[D].石家庄:河北师范大学,2010.

[17]岳建伟.巴彦淖尔地区舍饲绵羊消化道线虫病流行的调查研究[D].呼和浩特:内蒙古农业大学,2016.

[18]李保宏.食草类野生动物消化道寄生虫感染调查与驱虫试验[D].广州:华南农业大学,2016.

[19]刘善辉.马胃蝇形态学、流行病学调查及线粒体COI、16S rRNA系统发育研究[D].北京:北京林业大学,2012.

[20]额叶勒德格.乌审旗地区绵羊主要蠕虫病流行病学及驱虫效果调查研究[D].呼和浩特:内蒙古农业大学,2018.

[21]杨红霞.伊犁马胃蝇蛆三期幼虫形态学鉴定、遗传进化分析及其治疗效果评价[D].乌鲁木齐:新疆农业大学,2017.

[22]道尔加拉，苏布赛，张梦圆，等.马副蛔虫卵的鉴定及玻片标本的制作[J].当代畜牧，2018，9：44-45.

[23]繁萍，拉毛错，杨劼人，等.犬弓首蛔虫卵与狮弓蛔虫卵外壳显微形态比较[J].畜牧与兽医，2017，49(3)：89-91.

[24]吴国灶，徐俊杰，王一跃.犬、猫弓首蛔虫病诊断及防治[J].畜牧兽医科学(电子版)，2019，12：113-114.

[25]张艺琳，张森棹，古小彬，等.犬弓首蛔虫卵体外发育的形态观察[J].中国寄生虫学与寄生虫病杂志,2019，37(4)：486-489.

[26]常正山.常见寄生虫标本的固定与保存[J].中国寄生虫学与寄生虫病杂志，2006，24：76-81.

[27]徐兴河.几种寄生虫标本的收集、固定和保存方法[J].地方病通报，2004，19(3)：99.

[28]马力克，艾则孜.绵羊绦虫玻片标本的制作方法[J].中国兽医杂，2012，48(12)：83-85.

[29]陈盛霞，吴亮，徐会娟，等.绦虫永久染色标本的制作技术[J].中国寄生虫学与寄生虫病杂志，2006，24：58-61.

[30]戴婷婷，周本江，王红，等.小型吸虫成虫永久性玻片标本制作技术[J].山西医科大学学报，2014，45(6)：529-532；549-550.

[31]杨丁，皮本伟，牛利娜，等.一种旋毛虫肌幼虫囊包标本的单染制作方法[J].中国寄生虫学与寄生虫病杂志，2012，30(6)：498-499.

[32]樊中丽.制作寄生虫虫卵永久性玻片标本方法的改进[J].热带医学杂志，2003，3(2)：252.

[33]李永祥，张辉，刘振忠，等.蠕形螨标本制作方法探讨[J].中国寄生虫学与寄生虫病杂志，2002，20(4)：196.

[34]方正明.阴道毛滴虫标本制作的改良方法[J].中国寄生虫学与寄生虫病杂志，2001，19(1)：55.

[35]李晓娟，杨毅梅.PCR技术应用于寄生虫分类鉴定的研究进展[J].中国病原生物学杂志，2009，4(1)：69-70,35.

[36]李娟，丘丽玲，朱兴全，等. 鸡球虫分子检测及遗传变异的研究进展[J]. 中国家禽，2009，31(2)：26–29.

[37]王龙涛，葛晨霞，黄磊，等. 鸡球虫病的诊断及病理分析[J]. 中国畜牧兽医，2010，37(11)：188–189.

[38]刘佑东，梁立兰，朱炳华，等. 4种新型抗球虫药预防盲肠球虫病的效果观察[J]. 江西畜牧兽医杂志，2014，6：16–18.

[39]刘瑞良. 鸡球虫湖南醴陵分离株的药物敏感性试验[J]. 湖南畜牧兽医，2018，2：46–49.

[40]王慧珍，刘雅红，沈祥广，等. 妥曲珠利–地克珠利复方溶液对鸡球虫病的疗效和安全性评价[J]. 广东农业科学，2013，40(18)：105–107.

[41]王贤玉，王丽，陈贵才，等. 马度米星铵和尼卡巴嗪配伍使用对鸡球虫病的疗效试验[J]. 饲料研究，2013，10：33–35.

[42]莫芳清，周强，林瑞庆，等. 发酵中草药对鸡艾美耳球虫野外分离株的药效试验[J]. 养禽与禽病防治，2018，6：11–13.

[43]关琛，刘峡，任一，等. 张家口地区羊消化道线虫感染虫种及感染率的调查[J]. 河北北方学院学报(自然科学版)，2018，34(9)：37–40,44.

[44]金雪琴，马晓丽. 藏羊消化道线虫流行病学调查及防治[J]. 畜牧兽医杂志，2014，33(6)：73–74.

[45]王宝森，吴专丽，魏佳欢，等. 不同驱虫药物对捻转血矛线虫驱虫效果对比试验[J]. 甘肃畜牧兽医，2019，49(1)：47–49.

[46]杜军. 伊维菌素水包油口服液对骆驼寄生虫的驱虫效果试验[J]. 现代畜牧兽医，2018，3：32–36.

[47]蒋雯雯，胡奇丰，柳建发，等. 长爪沙鼠日本血吸虫病动物模型的建立[J]. 宁波大学学报(理工版)，2011，24(2)：107–109.

[48]付会庭. 1例牛血吸虫病的防治[J]. 当代畜牧，2018，14：23–24.

[49]Lopes W D, Teixeira W F, Felippelli G, et al. Assessing resistance of ivermectin and moxidectin against nematodes in cattle naturally infected using three different methodologies[J]. Research in Veterinary Science, 2014, 96(1): 133–138.

[50]Oliveira U C, Fraga J S, Licois D, et al. Development of molecular assays for the identification of the 11 *Eimeria* species of the domestic rabbit (Oryctolagus cuniculus) [J]. Veterinary Parasitology, 2011, 176(2–3): 275–280.

[51]Kumar S, Garg R, Moftah A, et al. An optimised protocol for molecular identification of *Eimeria* from chickens[J]. Veterinary Parasitology, 2014, 199(1–2): 24–31.

[52]Jiang J, Alderisio K A, Singh A, et al. Development of procedures for direct extraction of *Cryptosporidium* DNA from water concentrates and for relief of PCR inhibitors[J]. Applied and Environmental Microbiology, 2005, 71(3): 1135–1141.

[53]Johnson J, Reid W M. Anticoccidial drugs: lesion scoring techniques in battery and floor–pen experiments with chickens[J]. Experimental Parasitology, 1970, 28(1): 30–36.

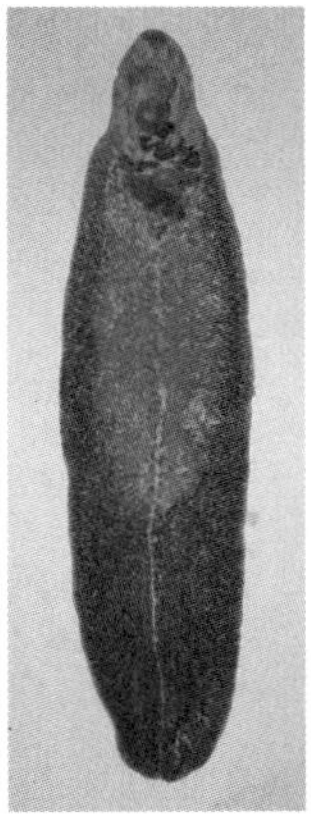

图2.1　肝片吸虫

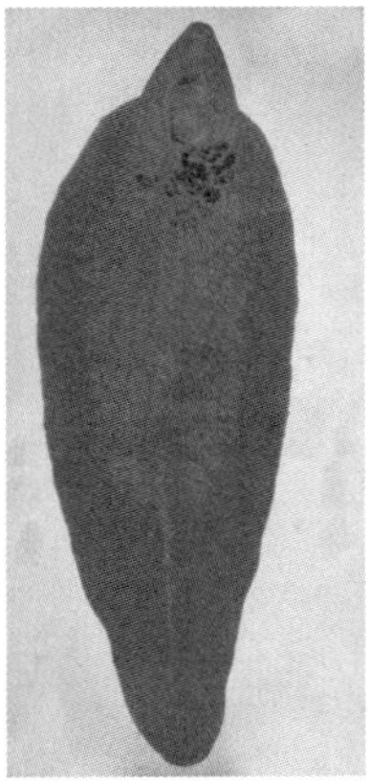

图2.2　大片吸虫

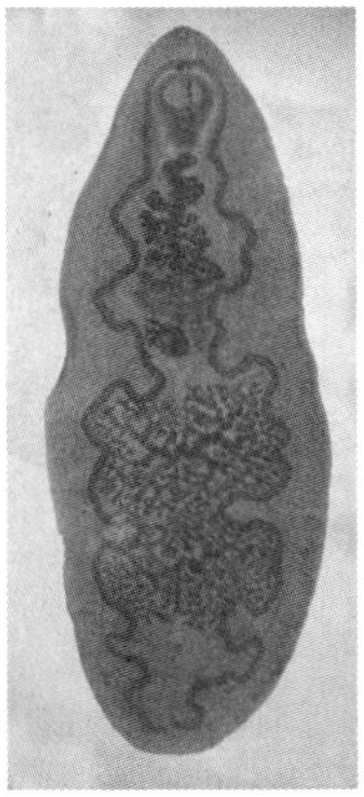

图2.3　布氏姜片吸虫

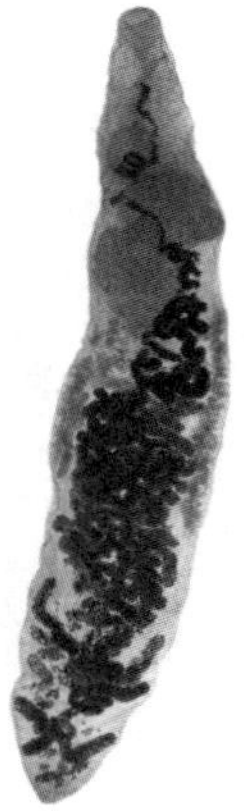

图2.4　矛形双腔吸虫

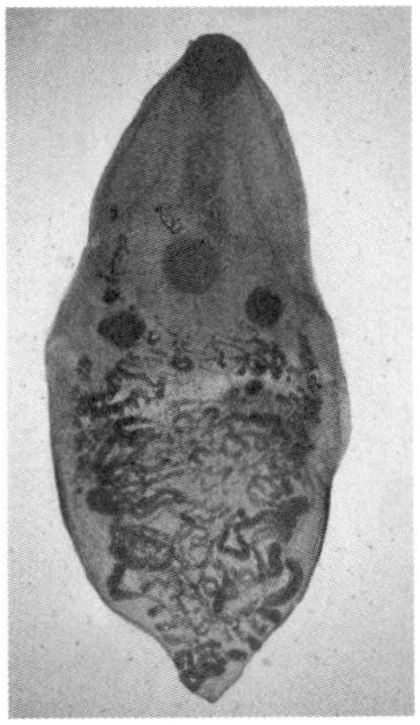

图2.5-1　腔阔盘吸虫

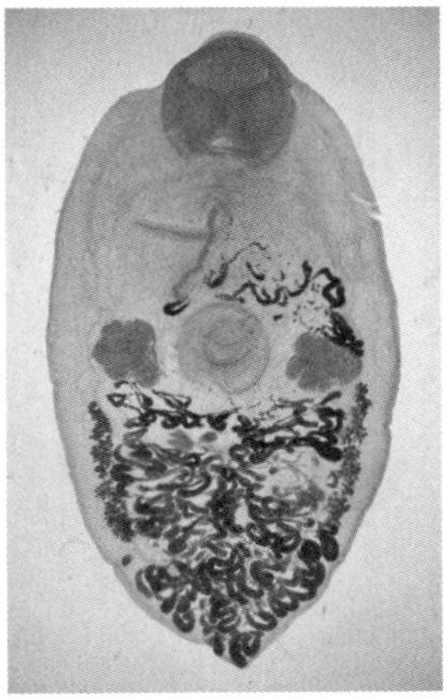

图2.5-2　胰阔盘吸虫

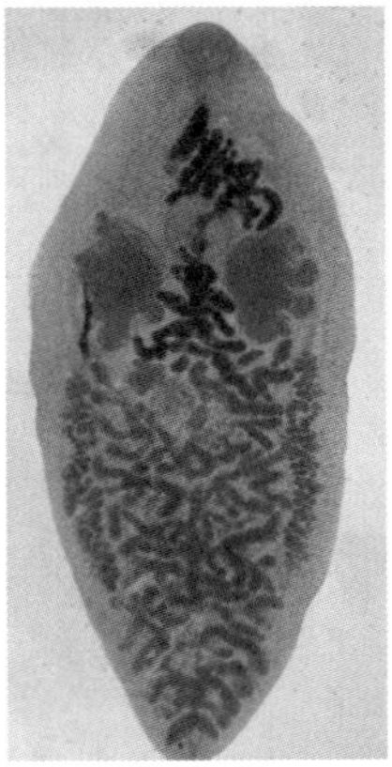

图2.5-3　支睾阔盘吸虫

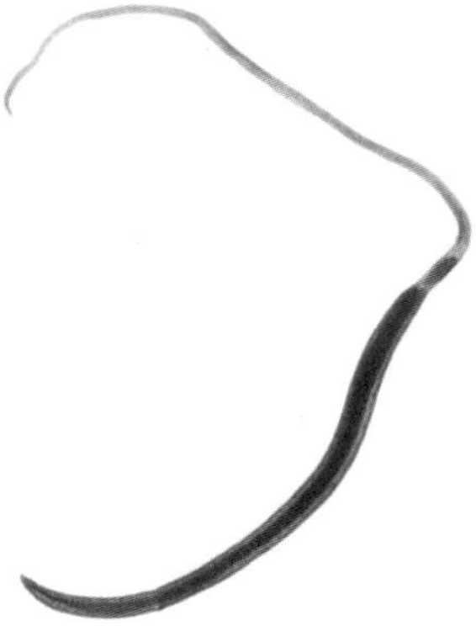

图2.6-1　日本血吸虫雌虫

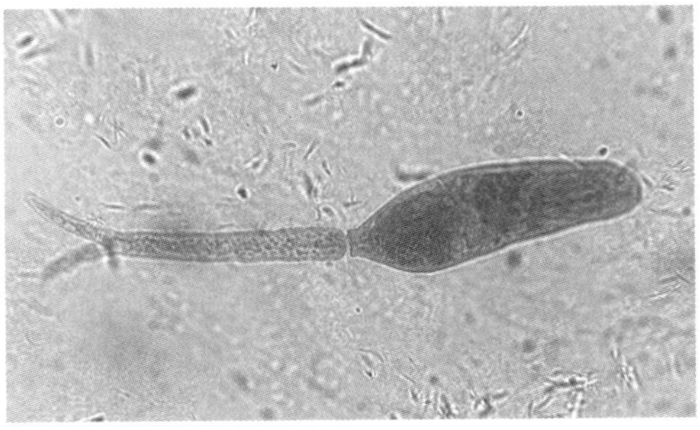

图2.6-2　日本血吸虫尾蚴

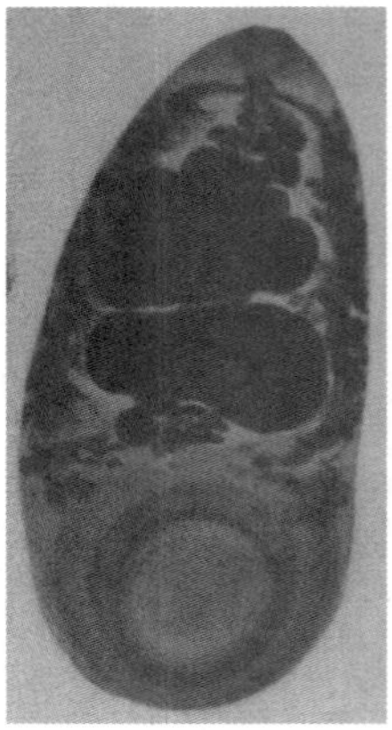
图2.7　鹿前后盘吸虫

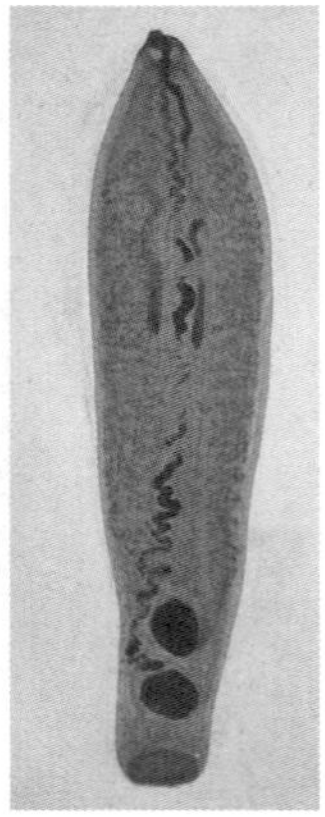
图2.8　长菲策吸虫

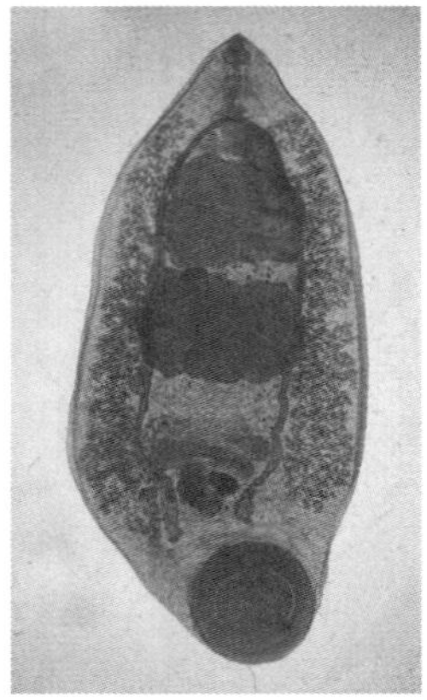
图2.10　野牛平腹吸虫

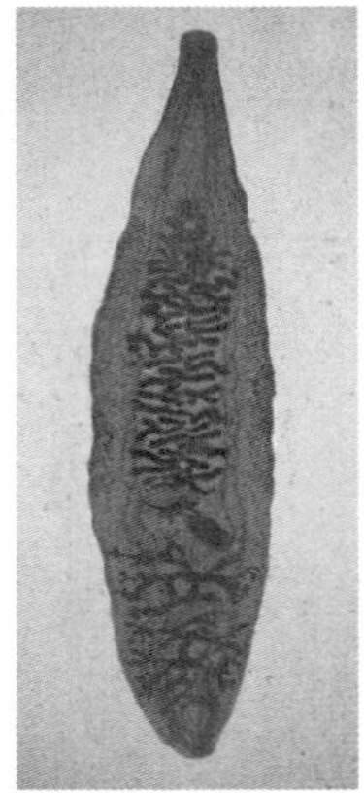
图2.11　华支睾吸虫

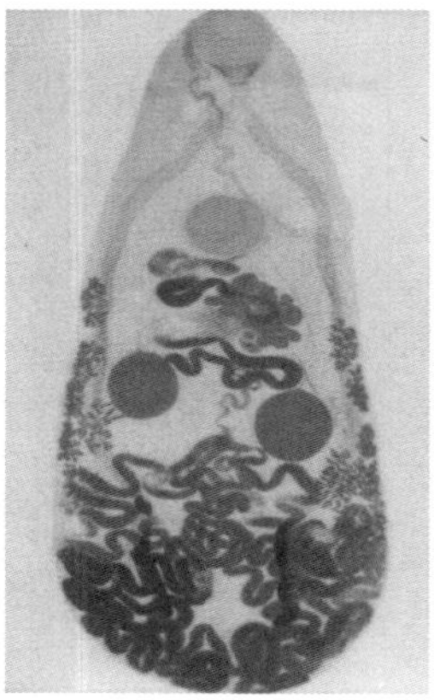
图2.12-1　卵圆前殖吸虫

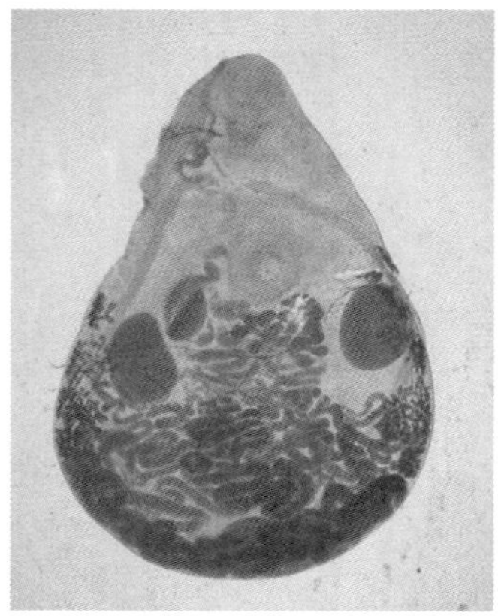
图2.12-2　透明前殖吸虫

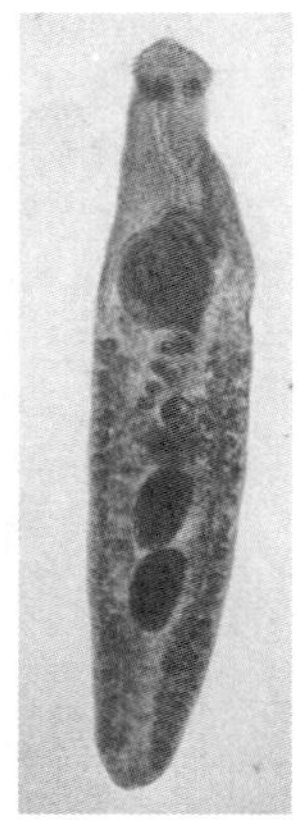
图2.15　卷棘口吸虫

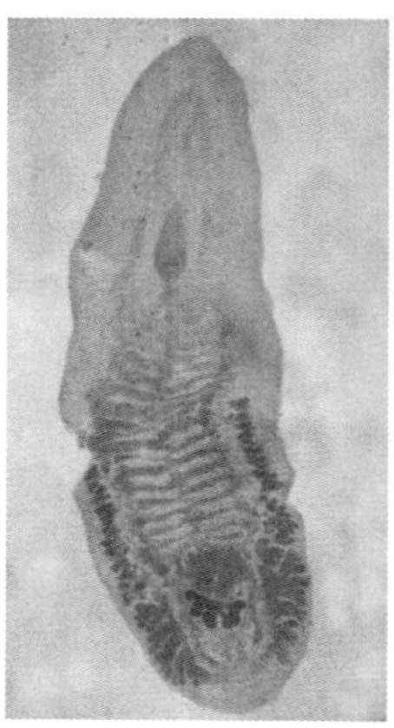
图2.16　背孔吸虫

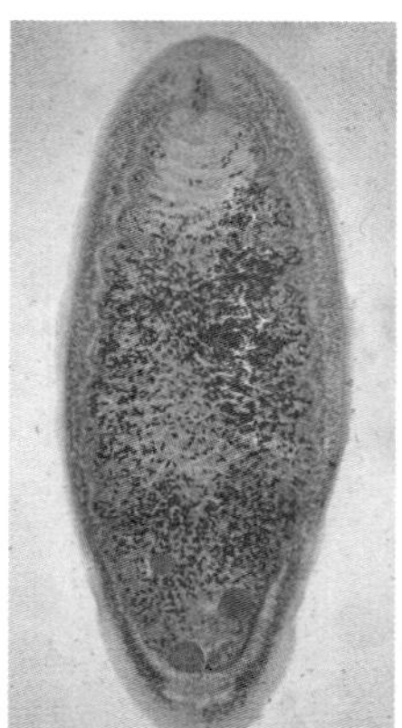
图2.17　舟形嗜气管吸虫

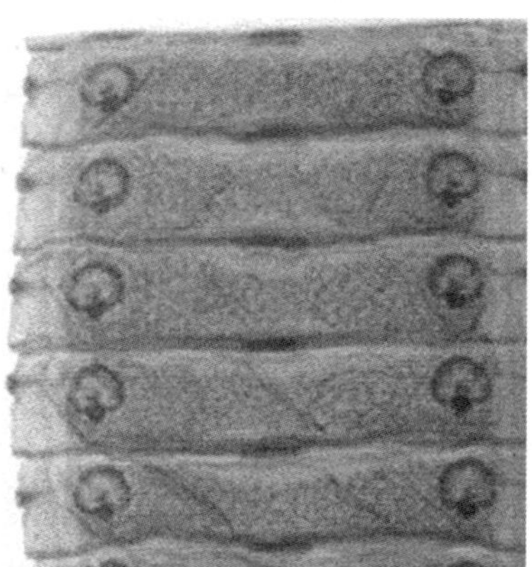
图3.11　贝氏莫尼茨绦虫

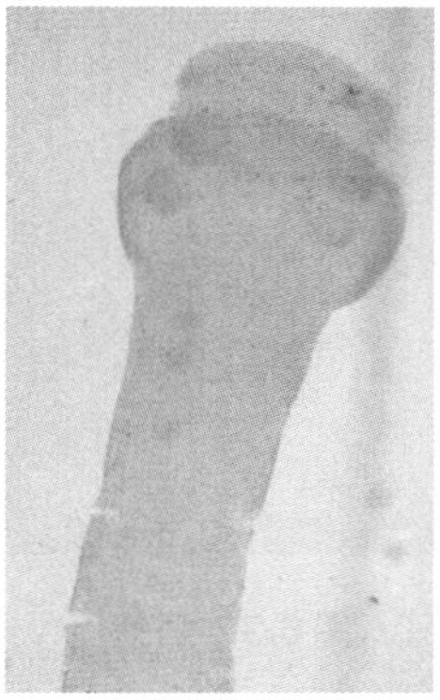

图3.13　有轮赖利绦虫头节

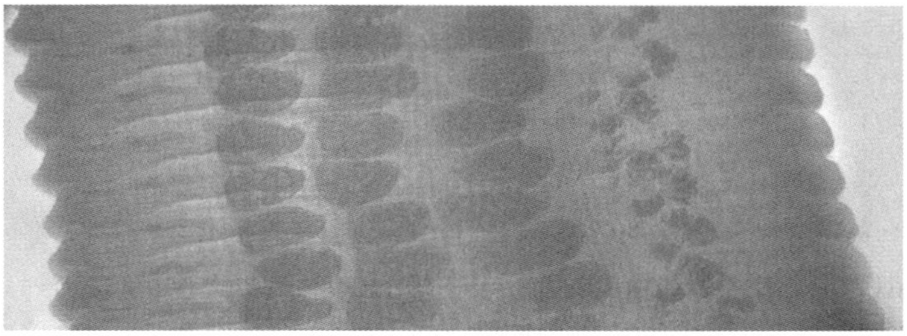

图3.15　矛形剑带绦虫成节

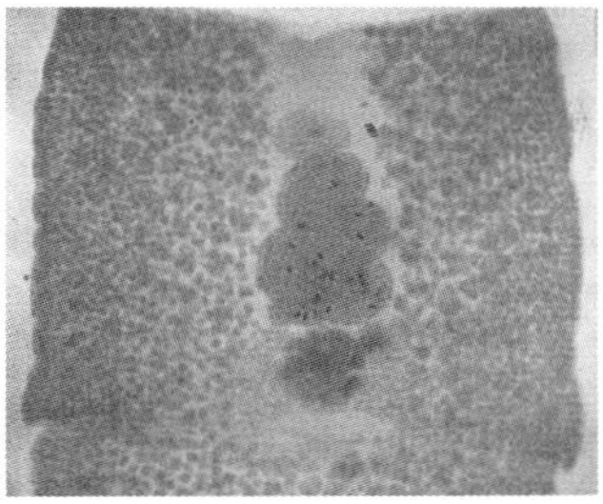

图3.18　孟氏迭宫绦虫成节

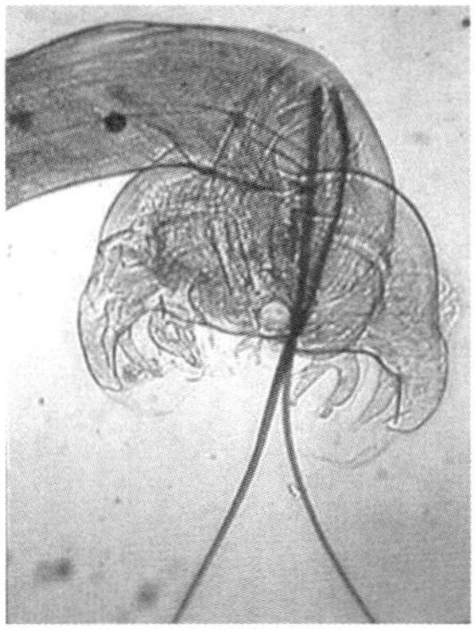

图4.13　野猪后圆线虫雄虫尾端

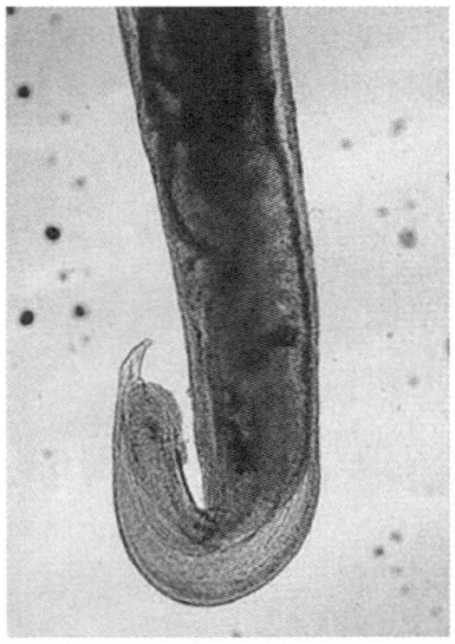

图4.15　野猪后圆线虫雌虫尾端

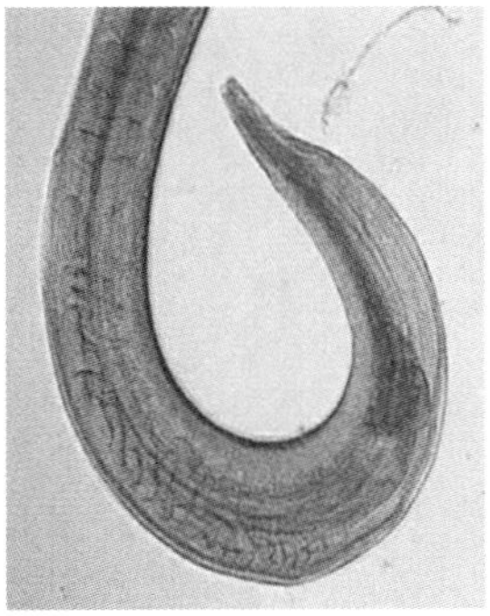

图4.17-1　鸡异刺线虫头端

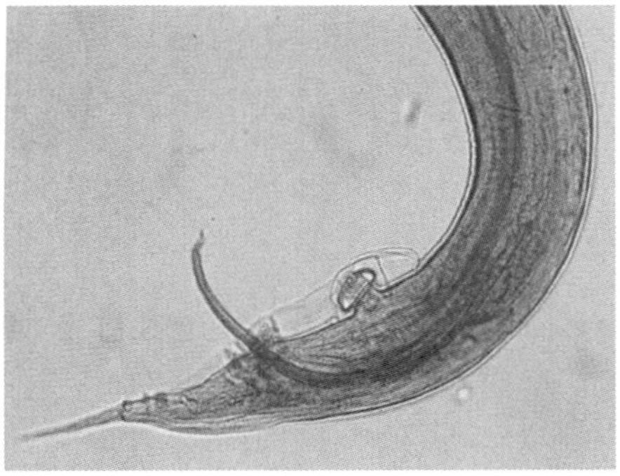

图4.17-3　鸡异刺线虫雄虫尾端

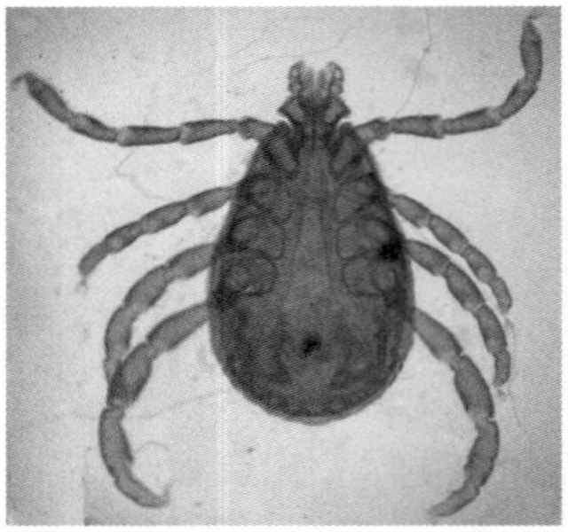

图6.2-1　扇头蜱雄虫的腹面

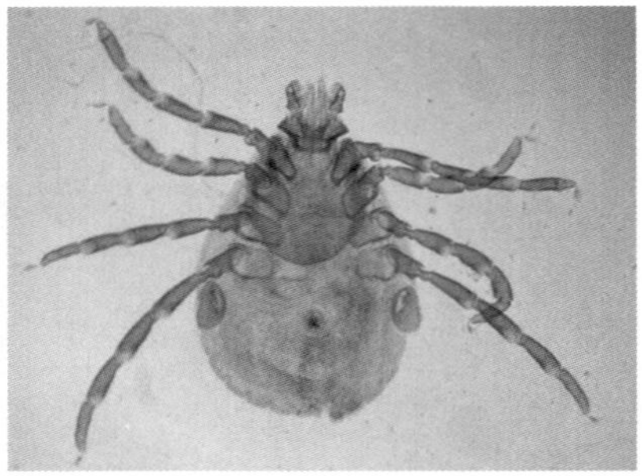

图6.2-2　扇头蜱雌虫的腹面

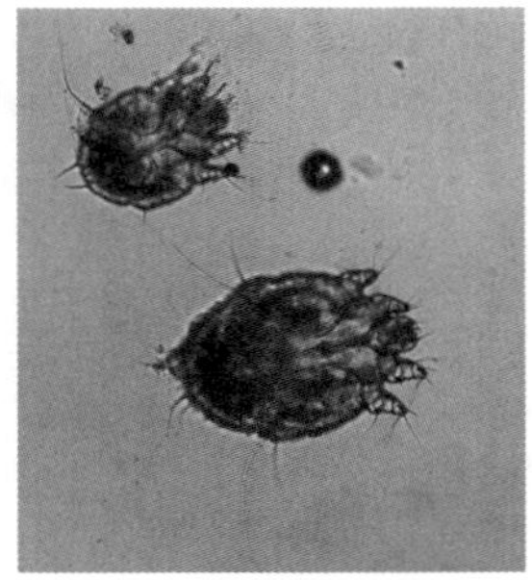

图6.3　疥螨

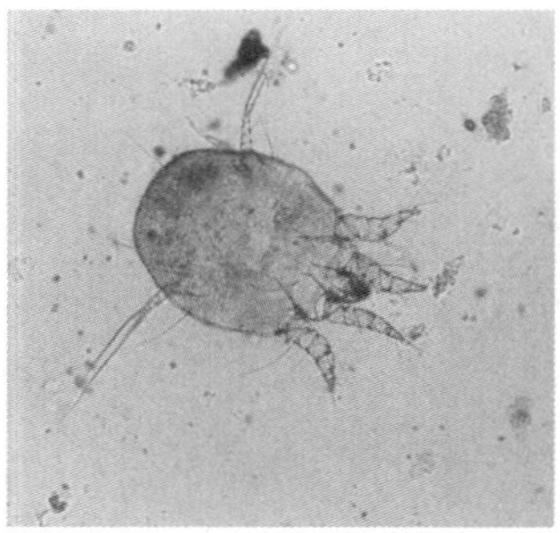

图6.6　雌性痒螨

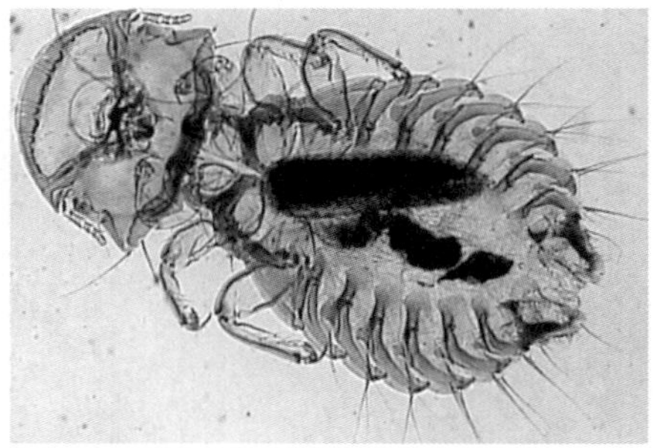

图6.11-1　圆羽虱

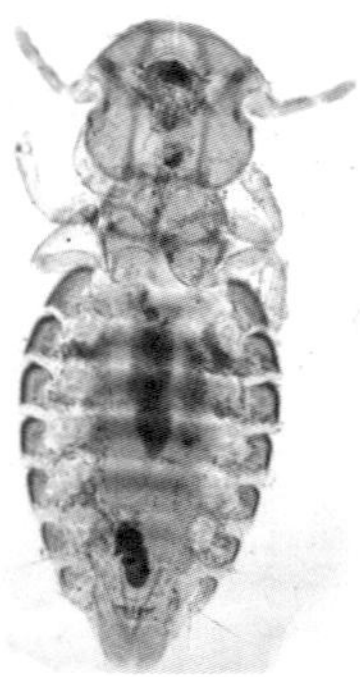

图6.11-2　羽虱